Lambacher Schweizer 9

Mathematik für Gymnasien

Hessen

Arbeitsheft

herausgegeben von Matthias Janssen

erarbeitet von
Oliver Blinn, Jürgen Frink, Petra Hillebrand, Matthias Janssen, Klaus-Peter Jungmann, Karen Kaps, Michael Kölle, Tanja Sawatzki, Uwe Schumacher

Ernst Klett Verlag
Stuttgart · Leipzig

Liebe Schülerinnen und Schüler,

auf dieser Seite stellen wir euch euer Arbeitsheft für die 9. Klasse vor.

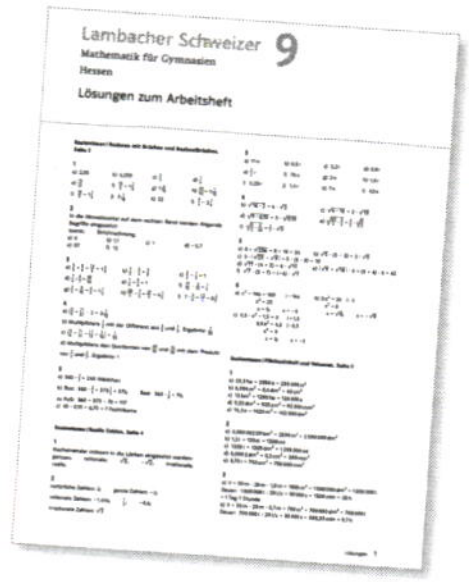

Die Kapitel und das Lösungsheft
In den einzelnen Kapiteln des Arbeitshefts werden alle Themen aus eurem Mathematikunterricht behandelt. Wir haben versucht, viele interessante und abwechslungsreiche Aufgaben zusammenzustellen, die euch beim Lernen weiterhelfen werden.
Alle Lösungen zu den Aufgaben stehen im Lösungsheft, das in der Mitte eingeheftet ist und sich leicht herausnehmen lässt.

Basiswissen
Wichtige Themen aus Klasse 8 werden hier wiederholt und nochmals geübt. Diese Seiten könnt ihr zum Einstieg bearbeiten oder erst dann, wenn ihr merkt, dass ihr z. B. eine Auffrischung zu Termen und Gleichungen gut gebrauchen könnt.

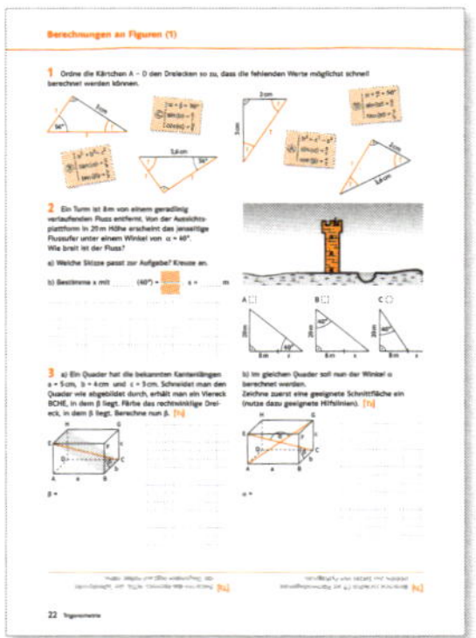

Übungsblätter
Zu allen wichtigen Bereichen der 9. Klasse findet ihr hier viele verschiedene Übungen. Damit ihr seht, wie eine Aufgabe gemeint ist, haben wir an einigen Stellen schon einen Aufgabenteil gelöst (orange Schreibschrift). Eure Antworten schreibt ihr auf die vorgegebenen Linien ______________ oder in die farbigen Kästchen ▭.
Manchmal braucht ihr einen Zettel für Nebenrechnungen. An manchen Aufgaben findet ihr Nummern, z. B. [T1]. Falls ihr Schwierigkeiten haben solltet, für die gekennzeichnete Aufgabe einen Lösungsansatz zu finden, könnt ihr den entsprechend nummerierten Tipp am unteren Seitenrand durchlesen und dann weiterarbeiten. Damit diese Tipps nicht unbeabsichtig gelesen werden können, haben wir sie auf den Kopf gestellt.

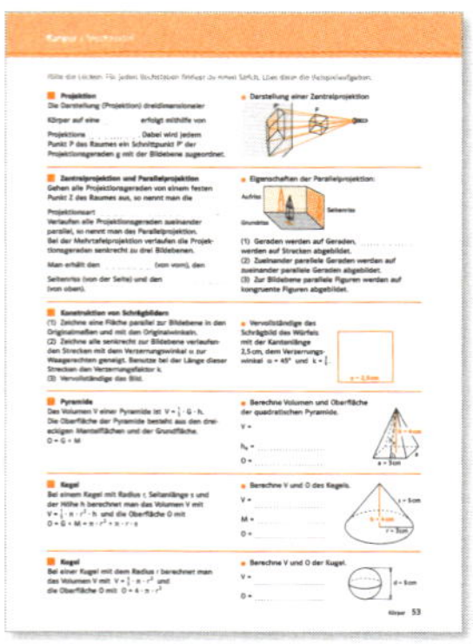

Merkzettel befinden sich am Ende von jedem Kapitel. Dort stehen alle wichtigen Regeln und Begriffe, die das Kapitel enthält. Damit ihr euch diese Begriffe leichter und auch dauerhaft merken könnt, sollt ihr auch diese Blätter selbst bearbeiten und lösen.

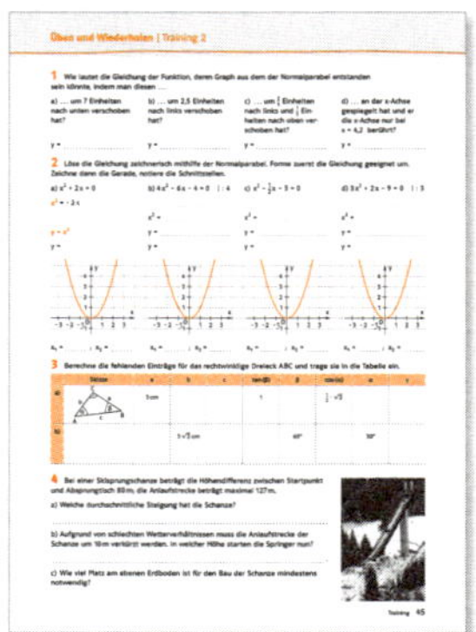

Training: Üben und Wiederholen.
Die drei Trainingseinheiten im Heft wiederholen den neuen und auch den schon etwas älteren Stoff. Hier findet ihr Aufgaben zu allen davor liegenden Kapiteln.

Der Wissensspeicher und das Register
Wisst ihr nicht, was ein Begriff bedeutet? Oder sucht ihr Übungen zu einem bestimmten Thema? Hier hilft das Register auf der letzten Seite. Alle mathematischen Begriffe der 9. Klasse könnt ihr dort nachschlagen. Von dort werdet ihr auf die Seite verwiesen, auf der ihr eine Erklärung des Begriffs findet.
Probiert es am besten gleich aus: Auf welcher Seite wird „wissenschaftliche Schreibweise“ erklärt? __________

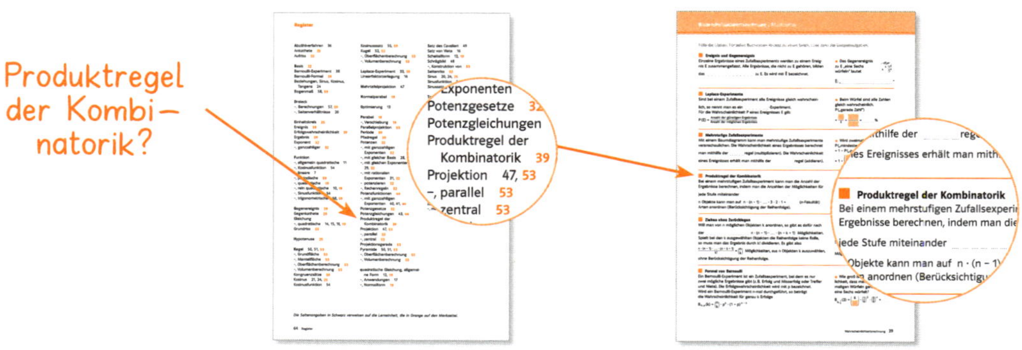

Nun kann es losgehen. Wir wünschen euch viel Spaß und Erfolg beim Lösen der Aufgaben.

Euer Autorenteam

1 Berechne im Kopf.

a) $0{,}05 + 1{,}98 =$ ___
b) $2{,}009 + 2\frac{1}{4} =$ ___
c) $\frac{5}{6} \cdot 2 =$ ___
d) $\frac{1}{3} +$ ___ $= \frac{1}{2}$
e) $\frac{2}{7} + \frac{1}{3} =$ ___
f) $\frac{3}{8} \cdot 5 =$ ___
g) $2\frac{3}{5} - 1\frac{1}{3} =$ ___
h) $2{,}6 \cdot \frac{1}{2} \cdot \frac{5}{6} =$ ___
i) $\frac{4}{6} : \frac{3}{8} =$ ___
j) $2\frac{3}{4} : 0{,}9 =$ ___
k) $\frac{5}{11} \cdot$ ___ $= 10$
l) ___ $: 3 = \frac{3}{4}$

2 Berechne die Rechenausdrücke, achte dabei auf Rechenregeln und auf Rechenvorteile.

a) $(0{,}5 + 1{,}2) \cdot 3 + 0{,}9 =$ ___
b) $0{,}2 \cdot 10 - 9 \cdot 0{,}1 =$ ___
c) $\frac{1}{2} + \frac{1}{4} - \frac{1}{8} + \frac{3}{4} - \frac{3}{8} =$ ___
d) $1{,}6 - (1{,}6 + 3{,}7) =$ ___
e) $87 - 24 - 26 =$ ___
f) $1{,}2 \cdot 4 + 1{,}2 \cdot 6 =$ ___

Klammern werden ___ berechnet.

Punktrechnung vor ___.

3 Berechne im Kopf. Notiere auch das Zwischenergebnis.

a) $\frac{5}{9} + \frac{2}{3} \cdot \frac{4}{3} =$ ___ $=$ ___
b) $\frac{1}{2} \cdot \left(\frac{3}{4} + \frac{2}{4}\right) =$ ___ $=$ ___
c) $\frac{12}{14} : \frac{4}{7} - \frac{1}{2} =$ ___ $=$ ___
d) $\left(\frac{4}{3} - \frac{1}{6}\right) : \frac{6}{7} =$ ___ $=$ ___
e) $\frac{1}{4} \cdot \frac{2}{3} + \frac{5}{6} =$ ___ $=$ ___
f) $\left(\frac{2}{6} + \frac{2}{5}\right) \cdot \frac{3}{11} =$ ___ $=$ ___
g) $\frac{4}{5} \cdot \frac{5}{6} + \frac{4}{5} \cdot \frac{2}{3} =$ ___ $=$ ___
h) $7 \cdot \frac{4}{5} - 7 \cdot \frac{1}{5} =$ ___ $=$ ___
i) $7 : \left(\frac{2}{3} + \frac{1}{6}\right) =$ ___ $=$ ___

4 Fülle die Tabelle aus.

Aufgabe	Rechenausdruck	Ergebnis
a) Multipliziere die Summe aus $\frac{2}{3}$ und $\frac{7}{8}$ mit 2.		
b)	$\frac{1}{2} \cdot \left(\frac{4}{5} - \frac{1}{3}\right)$	
c) Vermindere die Differenz aus $\frac{4}{6}$ und $\frac{1}{3}$ um die Summe aus $\frac{1}{5}$ und $\frac{1}{10}$.		
d)	$\left(\frac{49}{24} : \frac{14}{36}\right) \cdot \left(\frac{2}{3} \cdot \frac{2}{7}\right)$	

5 Das Theodor-Heuss-Gymnasium hat insgesamt 560 Schüler und 32 Lehrer. Von den Schülern sind $\frac{4}{7}$ Jungen. Zwei Drittel kommen mit dem Bus zur Schule, $\frac{1}{8}$ mit dem Rad und der Rest geht zu Fuß. Ca. 15 % der insgesamt 45 Unterrichtsräume sind Fachräume, drei sind Computerräume.

a) Es gibt ___ Mädchen auf der Schule.

b) Bestimme die Anzahlen der Schüler: ___ kommen mit dem Bus zur Schule, ___ gehen zu Fuß.

c) Es gibt ___ Fachräume an der Schule.

1 Ergänze den Lückentext. Ausgehend von den g______ Zahlen {...; −3; −2; −1; 0; 1; 2; 3; ...} wurden die Bruchzahlen, auch r______ Zahlen genannt, eingeführt. Schon die einfache Gleichung $x^2 = 2$ führt jedoch zu Lösungen, die nicht mehr zu den rationalen Zahlen gehören, nämlich ______ und ______. Solche Zahlen nennt man i______ Zahlen. Rationale und irrationale Zahlen zusammen nennt man r______ Zahlen.

2 Im Bild sind die bekannten Zahlenmengen mit ihren „Enthaltensein"-Beziehungen dargestellt. Trage an die richtigen Stellen die Zahlen von den Kärtchen ein.

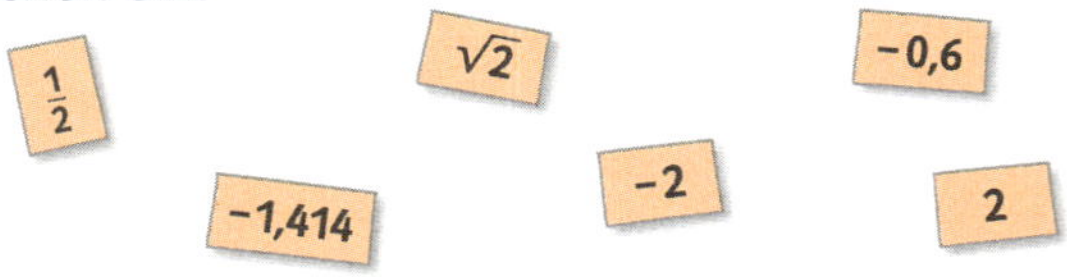

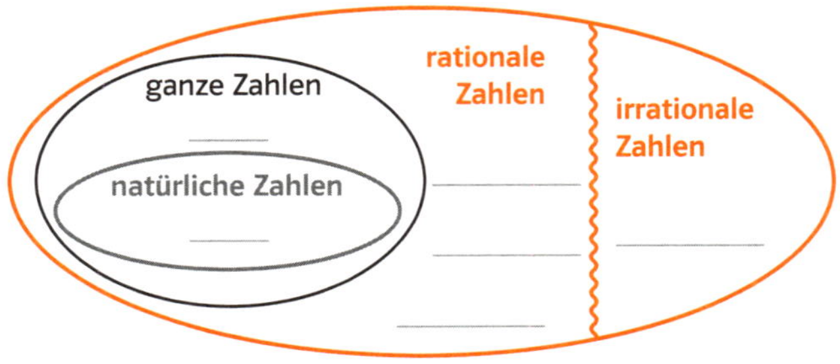

3 Bestimme die Wurzeln, wenn möglich im Kopf. Schreibe in das Feld ein n, falls die Wurzel eine natürliche Zahl ist, ein r für eine rationale Zahl und ein i für eine irrationale Zahl. Gib die irrationalen Wurzeln mit einer Nachkommastelle an.

Wurzelgesetze:
$\sqrt{a \cdot b} = \sqrt{a} \cdot \sqrt{b}$
$\sqrt{\frac{a}{b}} = \frac{\sqrt{a}}{\sqrt{b}}$

a) $\sqrt{121}$ = ______ b) $\sqrt{0{,}25}$ = ______ c) $\sqrt{10}$ = ______

d) $\sqrt{0{,}64}$ = ______ e) $\sqrt{\frac{32}{72}}$ = ______ f) $\sqrt{4900}$ = ______

g) $\sqrt{\frac{144}{36}}$ = ______ h) $\sqrt{2{,}56}$ = ______ i) $\sqrt{0{,}0625}$ = ______

j) $\sqrt{1{,}96}$ = ______ k) $\sqrt{7^2}$ = ______ l) $\sqrt{36 \cdot 49}$ = ______

4 Ziehe teilweise die Wurzel.

a) $\sqrt{27} = \sqrt{9 \cdot 3} = 3 \cdot \sqrt{3}$ b) $\sqrt{32}$ = ______

c) $\sqrt{52}$ = ______ d) $\sqrt{1{,}35}$ = ______

e) $\sqrt{\frac{50}{12}}$ = ______ f) $\sqrt{\frac{24}{98}}$ = ______

5 Vereinfache durch Ausmultiplizieren bzw. durch Ausklammern.

a) $\sqrt{8} \cdot (\sqrt{8} + \sqrt{32})$ = ______ b) $5 \cdot \sqrt{5} - 3 \cdot \sqrt{5}$ = ______

c) $\sqrt{5} \cdot (\sqrt{125} - \sqrt{45})$ = ______ d) $\sqrt{11} \cdot 4 + 2 \cdot \sqrt{11}$ = ______

e) $(\sqrt{54} + \sqrt{96}) \cdot \sqrt{6}$ = ______ f) $3 \cdot \sqrt{7} - \sqrt{7} \cdot 7$ = ______

6 Löse die Gleichungen. Beachte, dass es nicht nur eine Lösung gibt.

a) $x^2 + 144 = 169$ | − 144
______ = ______
x = ______ ; x = ______

b) $3x^2 = 24$ | ______
______ = ______
x = ______ ; x = ______

c) $0{,}5 \cdot x^2 - 1{,}5 = 3$
______
______ = ______
x = ______ ; x = ______

1 Wandle in die nächstkleinere und die nächstgrößere Flächeneinheit um.

a) ______ = 2350 a = ______
b) ______ = 0,4 dm^2 = ______
c) ______ = 1200 ha = ______
d) ______ = 923 cm^2 = ______
e) ______ = 1420 m^2 = ______

2 Wandle in die angegebenen Volumeneinheiten um.

a) ______ km^3 = 2590 m^3 = ______ dm^3
b) ______ l = 120 cl = ______ ml
c) ______ l = 1203 dm^3 = ______ ml
d) ______ dm^3 = 0,2 cm^3 = ______ mm^3
e) ______ l = 750 cm^3 = ______ mm^3

3 Ein quaderförmiges Schwimmbecken hat eine Länge von 50 m, eine Breite von 20 m und eine Tiefe von 1,80 m.

a) Die Pumpen schaffen 20 l pro Sekunde. Wie lange brauchen die Pumpen, um das Becken komplett zu füllen?

Flächen	Volumen
1 km^2 = 100 ha	1 hl = 100 l
1 ha = 100 a	1 l = 100 cl = 1000 ml
1 a = 100 m^2	
1 m^2 = 100 dm^2	1 km^3 = 1 000 000 000 m^3
1 dm^2 = 100 cm^2	1 m^3 = 1000 dm^3
1 cm^2 = 100 mm^2	1 dm^3 = 1000 cm^3 = 1 l
	1 cm^3 = 1000 mm^3

b) Nach einer Reparatur ist das Schwimmbecken 1,10 m hoch gefüllt. Wie viel Liter Wasser muss man noch einfüllen, damit das Becken randvoll gefüllt ist? Wie lange braucht die Pumpe für diese Menge?

4 Zeichne das Netz des Körpers. Berechne das Volumen und die Oberfläche. Achte auf die Maßeinheiten. Eine Grundfläche ist schon gezeichnet.

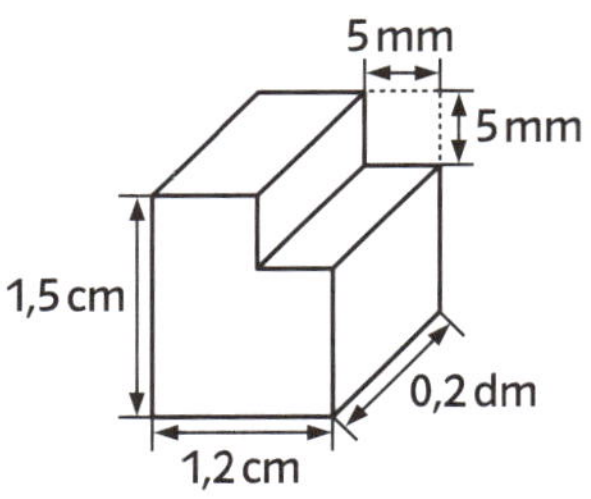

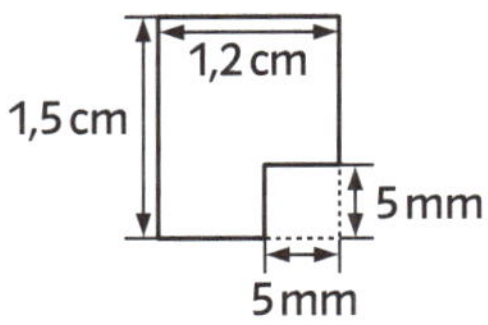

5 Ein Zylinder hat den Durchmesser 7 dm und eine Höhe von 17 cm.

a) Berechne die Grund-, Mantel- und Oberfläche. Achte auf die Einheiten.

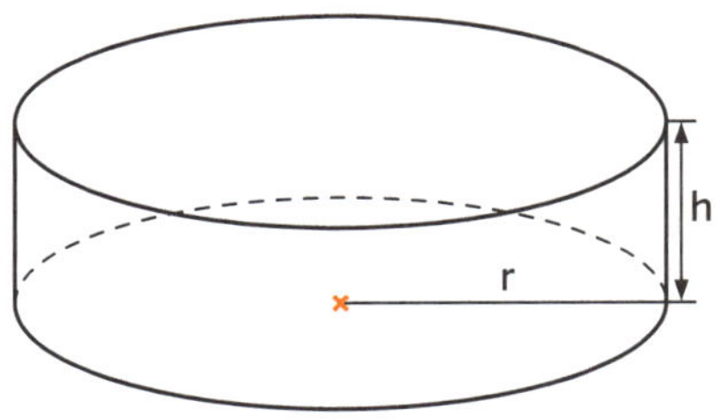

G = ______ dm^2 = ______ cm^2
M = ______ dm^2 = ______ cm^2
O = ______ dm^2 = ______ cm^2

b) Kreuze die richtigen Aussagen an.

☐ Verdoppelt man den Durchmesser, so verdoppelt sich auch der Radius.
☐ Verdoppelt man den Radius, so verdoppelt sich auch die Oberfläche des Zylinders.
☐ Verdoppelt man den Durchmesser, so vervierfacht sich die Grundfläche des Zylinders.
☐ Verdoppelt man die Höhe, so verdoppelt sich auch die Mantelfläche des Zylinders.
☐ Verdoppelt man die Höhe, so verdoppelt sich die Oberfläche des Zylinders.

1 a) Bestimme den Wert für $x = 4$ und $y = 7$.

Term	$x^2 - 2yx + y^2$	$x^2 + 2yx + y^2$	$(2x - 3y)(2x + 3y)$
Wert des Terms			

b) Anna hat sich bei dem dritten Term verrechnet. Korrigiere.
$(2x - 3y)(2x + 3y) = 2 \cdot x^2 - 3 \cdot y^2 = 2 \cdot 16 - 3 \cdot 49 = -115$

___

2 Benutze die binomischen Formeln.

a) $(3a - 4b)^2 = 9a^2 -$ ___

b) $(2x + 4y)^2 =$ ___

c) $(u - 2v^2)^2 =$ ___

d) $(2x - 3y)(2x + 3y) =$ ___

e) $(-2a - 2{,}5b)^2 =$ ___

3 Ergänze zu einer binomischen Formel.

a) $16x^2 + 24yx +$ ___ $= ($ ___ $+$ ___ $)^2$

b) ___ $- 6u +$ ___ $= (u -$ ___ $)^2$

c) $25x^2 +$ ___ $+ 49 = ($ ___ $+$ ___ $)^2$

d) $169x^2 -$ ___ $= ($ ___ $)($ ___ $+16)$

e) $144x^2 -$ ___ $+ 121 =$ ___

4 Bestimme die Lösungsmenge.

a) $3(2x - 5) = 12(2x - 3) - 15$ | ___

$6x -$ ___ $=$ ___ $- 36 - 15$ | ___

___ $=$ ___ | ___

___ $=$ ___ | ___

$x =$ ___

b) $(x - 3)(x - 2) = (x + 2)^2$ | ___

___ $=$ ___ | ___

___ $=$ ___ | ___

___ $=$ ___ | ___

$x =$ ___

c) $x^2 + 4x - 3x^2 = 5x^2 + 3x - 4x^2$ | ___

___ $= 0$ | ___

___ $\cdot x^2 +$ ___ $\cdot x = 0$ | ___

___ $= 0$ | ___

$x_1 =$ ___ und $x_2 =$ ___

5 In einem Dreieck ist die Grundseite g gegeben. Die Höhe h ist 3 cm größer als g. Vergrößert man jetzt g um 2 cm und verkürzt h um 3 cm, so verringert sich der Flächeninhalt A um 5 cm². Wie groß müssen g und h gewesen sein?

$g_{alt} =$ ___

$g_{neu} =$ ___

$h_{alt} =$ ___

$h_{neu} =$ ___

$A_{alt} =$ ___

$A_{neu} =$ ___

___

___

___

___

Somit waren $g =$ ___ und $h =$ ___.

6 Gegeben ist die folgende Figur. Bestimme jeweils einen Term für Umfang und Flächeninhalt. Vereinfache die Terme so weit wie möglich.

U = ___

___

___

A = ___

___

___

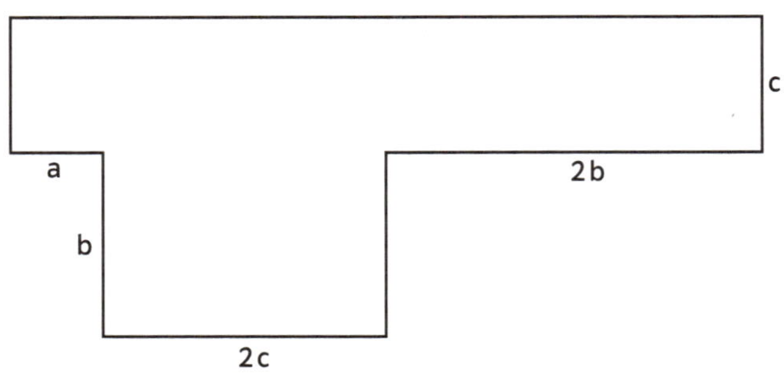

1 Markiere die Karten, die zusammengehören.

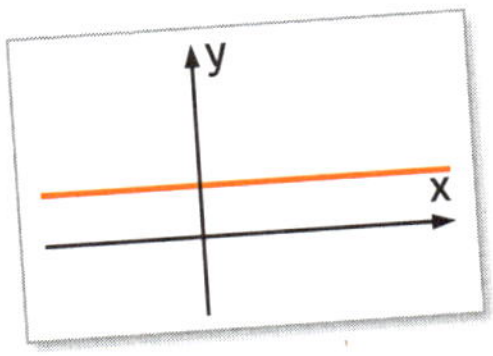

Steigung $m = 0$

$y = mx + b$

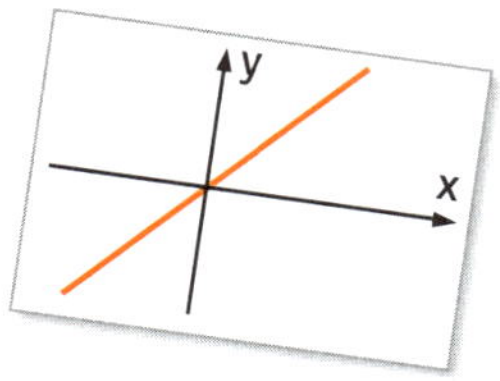

Die Gerade verläuft parallel zur x-Achse.

Die Gerade verläuft durch den Ursprung.

$y = mx$

y-Achsenabschnitt $b = 0$

Die Gerade hat die Steigung m und schneidet die y-Achse im Punkt (0 | b).

$y = b$

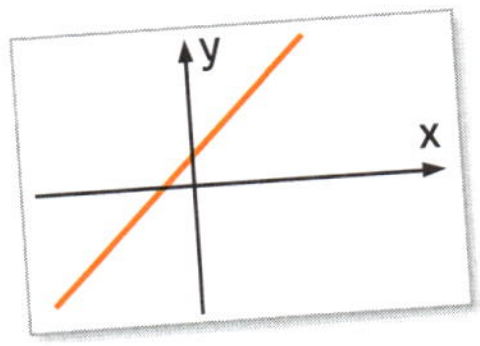

2 Gib Steigung und Funktionsgleichung der Geraden an.

A: $m = \frac{2}{1} = 2$ ______ y = ______

B: m = ______ y = ______

C: m = ______ y = ______

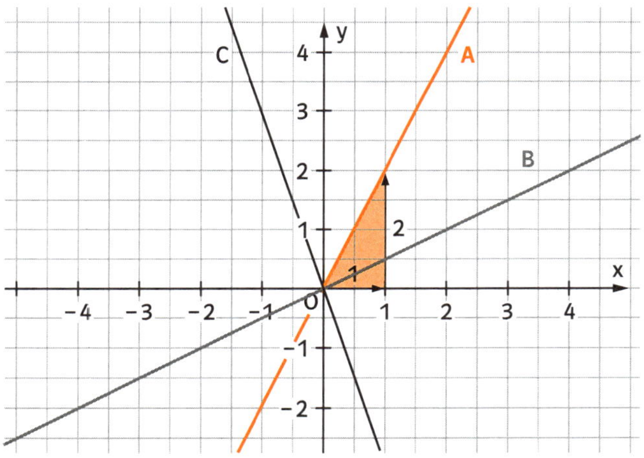

3 Zeichne den Graphen der linearen Funktion.

a) $f(x) = 2x + 3$
b) $g(x) = 2x - 1$
c) $h(x) = -\frac{1}{3}x + 1$
d) $k(x) = \frac{3}{4}x - \frac{1}{2}$

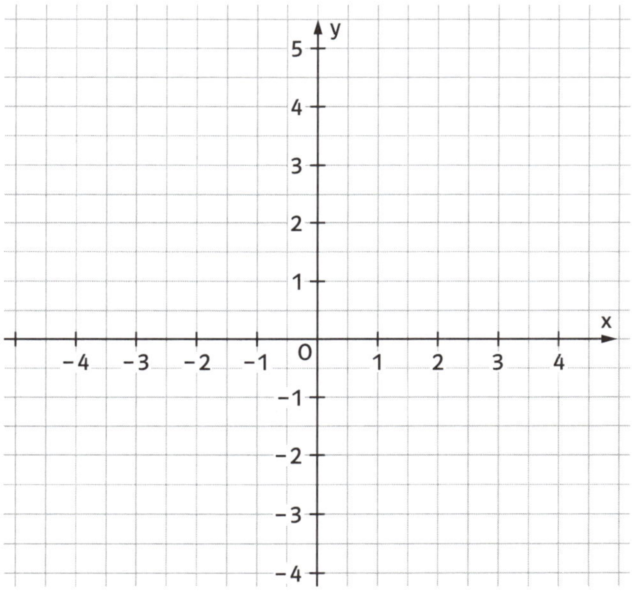

4 Die Kerzen A, B, C und D brennen. Die Funktionsgleichungen geben jeweils die Höhe h (in cm) einer Kerze in Abhängigkeit von ihrer Brenndauer t (in Stunden) an.

A: $h(t) = -t + 22$
B: $h(t) = -1{,}5t + 30$
C: $h(t) = -0{,}7t + 15$
D: $h(t) = -0{,}8t + 12$

a) Welche Höhe hat die Kerze B vor dem Anzünden? ______

b) Um wie viel cm wird Kerze A jede Stunde kürzer? ______

c) Welche Kerze wird am schnellsten kürzer? ______

d) Welche Kerze war anfangs am kleinsten? ______

e) Wann sind die Kerzen A und B gleich hoch? ______

f) Wie lange brennt Kerze D? ______

1 Löse das lineare Gleichungssystem mit dem Additionsverfahren.

I: $5x + 4y = 23$
II: $3x - 4y = 19$

I + II: ______

x = ______

Setze x in I ein:

I: $5 \cdot$ ____ $+ 4y = 23$

____ $4y = 23$

$4y =$ ______

$y =$ ______

Probe mit Gleichung II:

II: $3 \cdot$ ____ $- 4 \cdot$ ______ $= 19$

____ + ____ $= 19$

____ $= 19$

2 Löse das lineare Gleichungssystem mit dem Einsetzungsverfahren.

I: $12x + 5y = 39$
II: $12x = 4y + 120$

I + II: $4y + 120 +$ ____ $=$ ____

______ | ____

______ | ____

$y =$ ______

x mit I: $12x + 5 \cdot$ ____ $= 39$

$12x$ ____ $= 39$ | ____

$12x =$ ____ | ____

$x =$ ______

P in II: $12 \cdot$ ____ $= 4 \cdot$ ____ $+ 120$

____ = ____

____ = ____

3 Löse das lineare Gleichungssystem mit dem Gleichsetzungsverfahren.

I: $4x - 6 = 2y$
II: $2y = 2x - 10$

I + II: $4x - 6 =$ ______ | ____

______ | ____

______ | ____

$x =$ ______

y mit I: $4 \cdot$ ____ $- 6 = 2y$

______ $= 2y$ | ____

______ $= y$

P in II: $2 \cdot$ ____ $= 2 \cdot$ ____ $- 10$

____ = ____

____ = ____

4 Verändere jeweils eine der beiden Gleichungen des linearen Gleichungssystems an einer Stelle so, dass es

a) unendlich viele Lösungen gibt.
I: $y = 3x + 4$
II: $y = 3x - 2$

______

b) keine Lösung gibt.
I: $y = -4x - 3$
II: $y = 2x - 3$

______

c) genau eine Lösung gibt.
I: $1{,}5y = 7{,}5x + 4{,}5$
II: $0{,}5y = 2{,}5x + 1{,}5$

______

5 Kreuze an, ob mit dem Einsetzungsverfahren (EV) oder dem Gleichsetzungsverfahren (GV) gearbeitet wurde und rekonstruiere anschließend die fehlende Gleichung des linearen Gleichungssystems.

a) I: $y - 3x = 7$
II: ______
$4x - 5 - 3x = 7$
☐ EV ☐ GV

b) I: $-2x + 5 = y$
II: ______
$-2x + 5 = -4x + 3$
☐ EV ☐ GV

c) I: $2y = \frac{1}{2}x + 4{,}5$
II: ______
$2(3x - 1{,}5) = 0{,}5x + 4{,}5$
☐ EV ☐ GV

d) I: $6y = 2x + 8{,}5$
II: ______
$6y = -2y + 3 + 8{,}5$
☐ EV ☐ GV

6 Die linearen Gleichungssysteme wurden mit dem Additionsverfahren gelöst. Ordne jedem linearen Gleichungssystem eine Gleichung und eine Lösung zu. Trage den Buchstaben passend in die zugehörigen Kärtchen ein.

I: $-2x + 12y = 108$ II: $2x + 7y = 44$ | A	I: $56x = 8y + 216$ II: $9x + 8y = 109$ | B	I: $x + 3y = 22$ II: $2x + 3y = 23$ | C	I: $6x + 8y - 26 = 0$ II: $9x = 57 - 3y$ | D
I + II: $65x = 325$ | ____	I + II: $-18y = 36$ | ____	I + II: $19y = 152$ | ____	I + II: $x = 1$ | ____
7 | −2 | ____	−6 | 8 | ____	1 | 7 | ____	5 | 8 | ____

1 Auf dem Schwimmbadgrundstück plant die Stadt in einem abgelegenen Bereich ein möglichst großes kreisrundes Nichtschwimmerbecken. Rund um das Becken ist eine kreisrunde Liegefläche von 5 m Breite geplant. Zeichne das Becken und die Liegefläche ein.

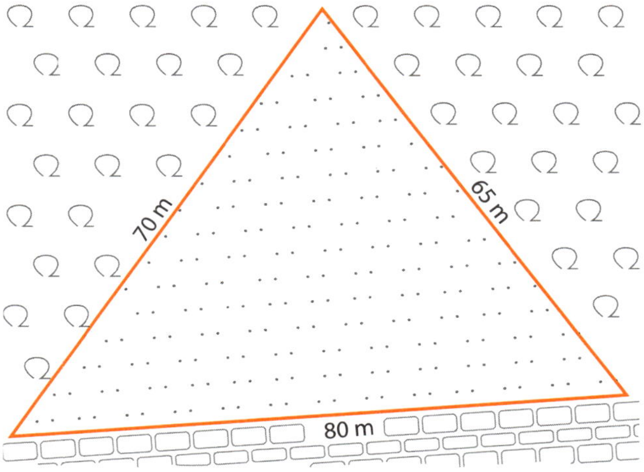

2 Wie viele Berührungspunkte hat der Umkreis des grauen Dreiecks mit dem Siebeneck? ________

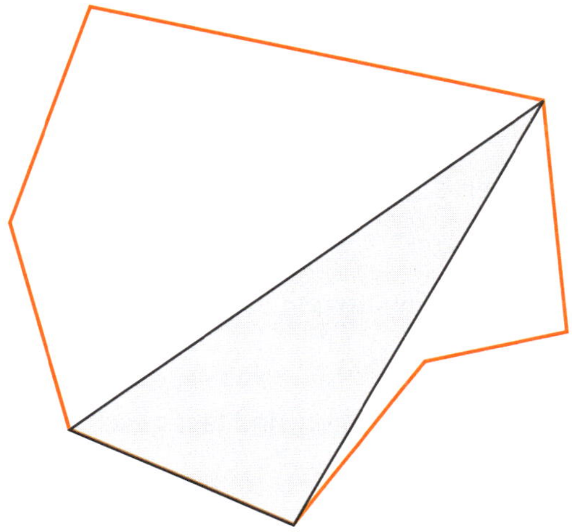

3 Der Rechtsaußen vom FC Pythagoras sieht einen Stürmer in aussichtsreicher Position in der Strafraumecke. Wie weit muss er schießen?

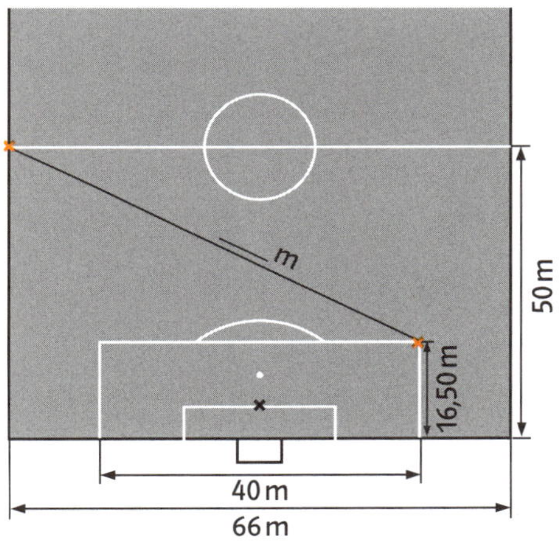

Er muss ________ m weit schießen.

4 Zeichne ein Dreieck, dessen Inkreis einen Radius von 1,5 cm hat, dessen Umkreis einen Radius von 3 cm hat und für das gilt, dass Schwerpunkt, Umkreis- und Inkreismittelpunkt identisch sind.

Es handelt sich um das ______________ Dreieck.

× M

5 Um die Entfernung der beiden Punkte A und B (am anderen Flussufer) zu bestimmen, wird B von A und einem weiteren Punkt C aus angepeilt. Es ergibt sich dabei nebenstehende Figur. Kannst du aus diesen Angaben die Entfernung von A und B bestimmen?

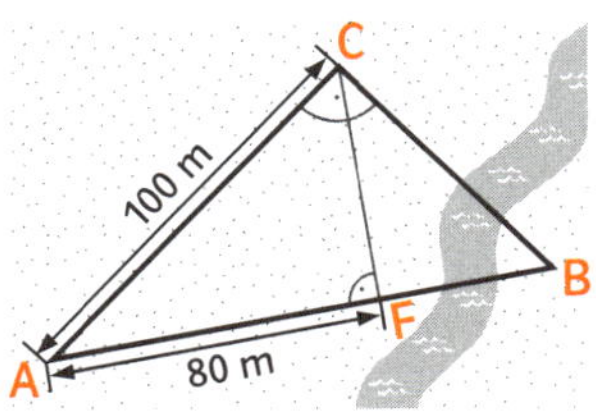

____

____

____

____

6 Welche der Vierecke sind Rechtecke? Zeichne in die Planfigur jeweils die rechten Winkel ein.

a)

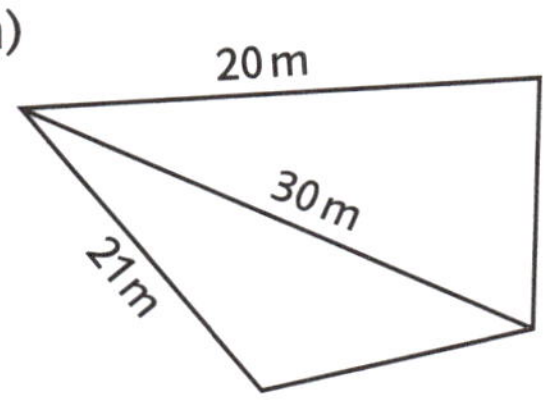

b)

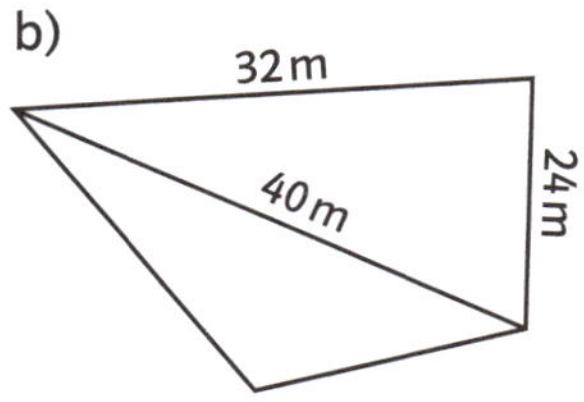

c)

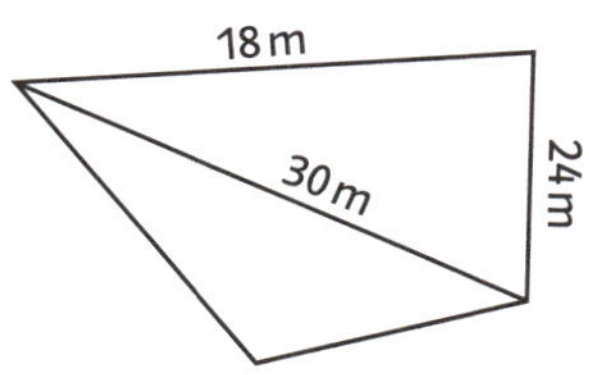

d)

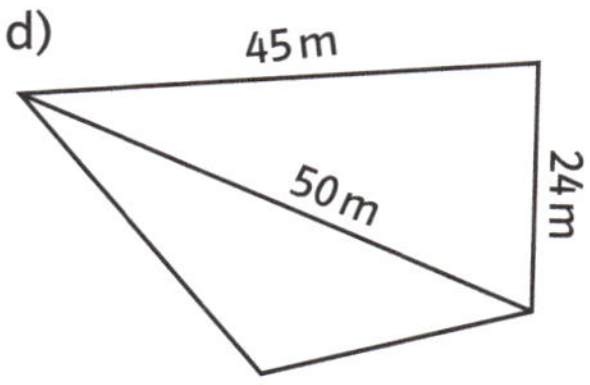

1 Zeichne den Graphen der Funktion in das Koordinatensystem.

a) $y = x^2$ b) $y = 2x^2$
c) $y = \frac{1}{4}x^2$ d) $y = -2x^2$

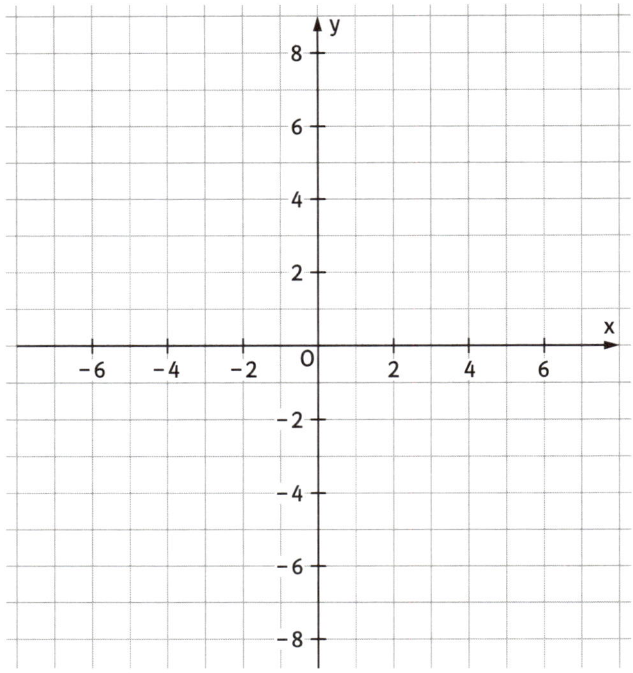

2 Vergleiche die Graphen aus Aufgabe 1.

Im Vergleich zur Normalparabel a) sind bei b) alle Funktionswerte ______________ so groß, bei c) sind sie um den Faktor ______________ kleiner.

Die beiden Parabeln b) und d) haben die gleiche Form und den gleichen ______________________ .

Die Funktionsgleichungen sind fast gleich.

Die Parabel d) ist nach ______________ geöffnet.

Ihre Funktionsgleichung unterscheidet sich von b) nur im ______________________ .

3 Gib die zugehörige Funktionsgleichung an.

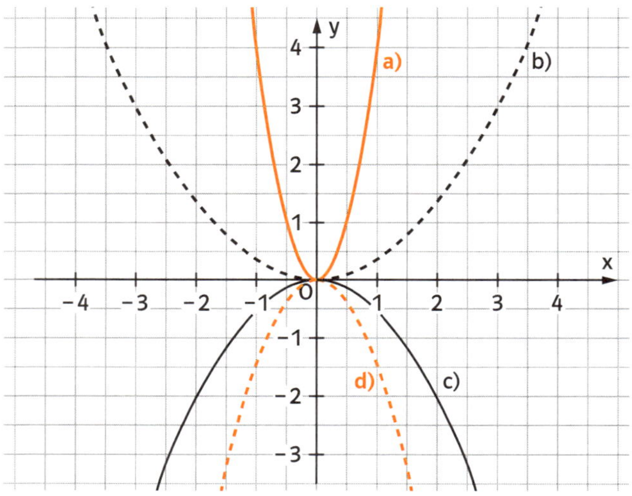

a) y = ______________

b) y = ______________

c) y = ______________

d) y = ______________

4 Die Punkte liegen auf der Parabel mit der Funktionsgleichung $y = \frac{4}{3}x^2$. Bestimme die fehlenden Koordinaten.

P(−6 | ______) Q(______ | $21\frac{1}{3}$) R(0,5 | ______)

S(______ | 108) T(−2,5 | ______) U(______ | 300)

5 Kreise die Punkte ein, die auf der Parabel liegen.

a) $y = 1{,}5x^2$

A(2 | 6) B(4 | 20) C(−3 | 13,5) D($\frac{2}{3}$ | $\frac{2}{3}$)

b) $y = -4x^2$

A(11 | −484) B($\sqrt{5}$ | −20) C(0,5 | $-\sqrt{2}$) D($-\frac{1}{4}$ | $\frac{1}{4}$)

6 Die Parabel einer rein quadratischen Funktion verläuft durch den angegebenen Punkt. Gib die zugehörige Funktionsgleichung an.

a) P(−1 | −4); y = ______________ b) Q(1 | 5,5); y = ______________

c) R(3 | 18); y = ______________ d) S(−2 | 10); y = ______________

1 Lies die Koordinaten des Scheitels ab und gib die Funktionsgleichung des Graphen an.

a) S(−5 | 4) y = $(x-5)^2+4$

b) S(0 | −1) y = $(x+0)^2-1$

c) S(−2 | 5) y = $-(x-2)^2+5$

d) S(2 | 2) y = $(x+2)^2+2$

e) S(3 | −1) y = $(x+3)^2-1$

f) S(2,5 | 1,5) y = $-(x+2,5)^2+1,5$

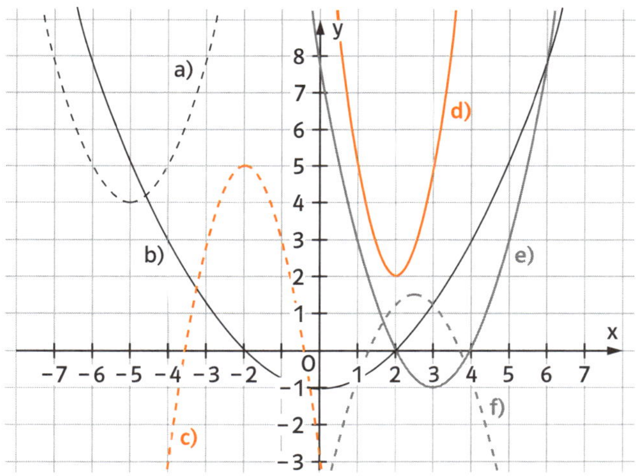

2 Vergleiche Lage und Form des Graphen der vorliegenden Funktion mit der Normalparabel. Kreuze an oder trage den entsprechenden Wert ein.

	Funktionsgleichung	verschoben um … nach				nach unten geöffnet	breiter	enger
		rechts	links	oben	unten			
a)	$y = 2(x-3)^2+5$	3				◯	◯	◯
b)	$y = -(x+6)^2-2,5$					◯	◯	◯
c)	$y = -3x^2+10$					◯	◯	◯
d)	$y = 0,2x^2-5$					◯	◯	◯
e)	$y = -\frac{1}{3}(x-6)^2$					◯	◯	◯
f)	$y = \frac{1}{16}\left(x+\frac{1}{2}\right)^2$					◯	◯	◯

3 Gib eine passende Funktionsgleichung an. Die Normalparabel [$y = x^2$] wurde

a) um 5 Einheiten nach links [$y = (x+5)^2$] und um 3 Einheiten nach unten verschoben [$y = (x+5)^2$ ______].

b) mit dem Faktor 4 gestreckt [y = ______], um 3,5 Einheiten nach oben [y = ______]

und um 7 Einheiten nach links verschoben [y = ______].

c) um ______ Einheiten nach ______ verschoben [$y = (x-8)^2$] und an der x-Achse gespiegelt

[y = ______].

d) so verschoben, dass der Scheitel im Punkt S(______ | ______) liegt [$y = (x+9)^2-4$] und sie nach

______ geöffnet ist [$y = -(x+9)^2-4$].

4 Verbinde den Scheitelpunkt und die zugehörigen Funktionsgleichungen.

$y = \frac{1}{3}x^2-\frac{1}{2}$

$y = \frac{1}{3}\left(x-\frac{1}{3}\right)^2$

$y = (x+2,5)^2+0,5$

$y = 5x^2-\frac{1}{2}$

$y = 5x^2+5$

$y = x^2+5$

S(−2,5 | 0,5)

$S\left(\frac{1}{3} \,|\, 0\right)$

S(0 | 5)

$S\left(0 \,|\, -\frac{1}{2}\right)$

S(5,2 | −4)

$y = 5,2\left(x-\frac{1}{3}\right)^2$

$y = \frac{1}{3}x^2+5$

$y = 5(x+2,5)^2+0,5$

$y = -x^2-\frac{1}{2}$

$y = -2,5(x-5,2)^2-4$

1 Was muss ergänzt werden, damit du den Term mithilfe einer binomischen Formel zusammenfassen kannst?

a) $x^2 + 6x$ $+\ 9$ = $(x + 3)^2$ b) $x^2 - 18x$ ______ = ______

c) $x^2 - 5x$ ______ = ______ d) $x^2 - \frac{1}{2}x$ ______ = ______

e) $x^2 + 8x$ ______ = ______ f) $x^2 + \frac{2}{3}x$ ______ = ______

1. binomische Formel
$(a + b)^2$
$= a^2 + 2ab + b^2$
2. binomische Formel
$(a - b)^2$
$= a^2 - 2ab + b^2$

2 Aus der allgemeinen Form einer quadratischen Funktionsgleichung lassen sich die Koordinaten des Scheitelpunktes nicht direkt ablesen. Um sie zu bestimmen, muss die Gleichung erst in die Scheitelform umgewandelt werden.

Allgemeine Form: $y = x^2 + 11x$

$y = x^2 + 2 \cdot 5{,}5 \cdot x + 5{,}5^2 - 5{,}5^2$ quadratische Ergänzung

$y = x^2 + 2 \cdot 5{,}5 \cdot x + 5{,}5^2 - 30{,}25$ 1. binomische Formel

Scheitelform: $y = (x + 5{,}5)^2 - 30{,}25$

Der Scheitelpunkt S hat die Koordinaten S (______ | ______).

a) $y = x^2 - 4x + 1$

$y = x^2 - 4x$ ______ $+ 1$

$y = (x$ ______ $)^2$ ______

S(______ | ______)

b) $y = x^2 + 10x - 5$

$y = x^2 + 10x$ ______

y = ______

S(______ | ______)

c) $y = x^2 - 2x + 2$

y = ______

y = ______

S(______ | ______)

3 Oft musst du beim Umwandeln in die Scheitelform erst ausklammern, bevor du quadratisch ergänzen kannst.

a) $y = 5x^2 - 20x + 5$

$y = 5(x^2 -$ ______ $) + 5$

$y = 5(x^2 -$ ______ $)$ ______

$y = 5((x -$ ______ $)^2$ ______ $)$ ______

$y = 5(x -$ ______ $)^2$ ______

$y = 5(x -$ ______ $)^2$ ______

S(______ | ______)

Faktor vor x^2 aus den ersten beiden Summanden ausklammern

quadratisch ergänzen

binomische Formel anwenden

äußere Klammer ausmultiplizieren

zusammenfassen

b) $y = -3x^2 - 18x + 12$

y = ______

y = ______

y = ______

y = ______

y = ______

S(______ | ______)

4 Kim möchte wissen, wie hoch die Wasserfontäne im botanischen Garten sprüht. Die Fontäne ähnelt einer Parabel, die etwa durch $y = 18x - 3x^2$ beschrieben wird (x und y in Metern).

a) Bestimme die Scheitelform.

______

b) Die Fontäne erreicht eine Höhe von ______.

c) Die Nullstellen liegen bei: ______, d.h., die Fontäne sprüht ______ m weit.

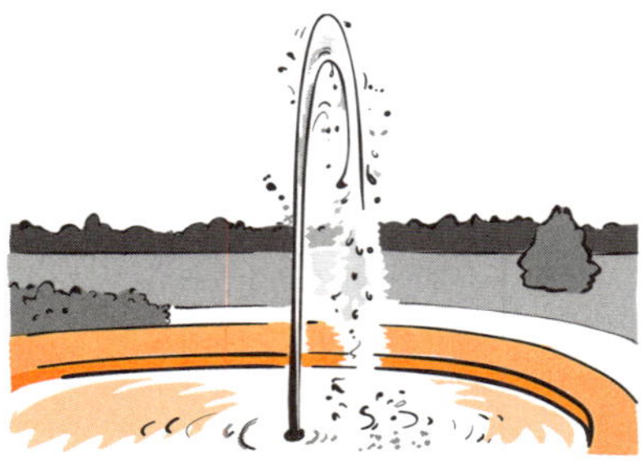

Optimierungsaufgaben

1 Bei welchem Wert für x wird der Flächeninhalt des schwarzen Rechtecks maximal?

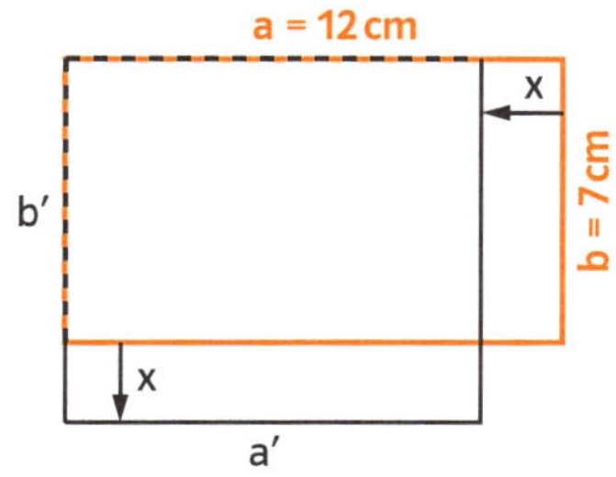

1 Das weißt du schon:
Das orange Rechteck hat die Seitenlängen a = 12 cm und ____________ .

Die eine Seite wird um x verkürzt und die andere um ________ verlängert.
Der Flächeninhalt des schwarzen Rechtecks soll maximal werden.

2 Plan: Zur Berechnung des gesuchten Flächeninhalts benötigst du die Seitenlängen des ________________ Rechtecks.

3 Durchführung: Seite a' = 12 – ________ ; Seite b' = ________ (in cm).

Daraus ergibt sich der Flächeninhalt A = ____________________________ .

Die Funktion x → A mit der Funktionsgleichung A = ________________
ist quadratisch. Am Scheitelpunkt der Parabel kann man den ____________ Flächeninhalt ablesen.
Der x-Wert des Scheitelpunktes gibt den gesuchten Wert an.

Bestimmung des Scheitelpunktes: S(____ | ____), x = ________

A = ________________

A = ______ (____________) ________

A = ______ ((______)^2 ______) ______

A = ______ (______)^2 ______

4 Antwort: Wenn x den Wert __________ annimmt, wird der Flächeninhalt maximal. Er beträgt dann ________________ .

2 a) Gesucht ist die Zahl, die mit der um 2 vergrößerten Zahl das kleinste Produkt ergibt.
Gib die Zahl und das Produkt an.

Zahl: x; um 2 vergrößerte Zahl: ______ ; Produkt p (x) = x · ______

Produkt in Scheitelform: p (x) = ______________________ ; S(____ | ____).

Für die Zahl ______ wird das Produkt am kleinsten, nämlich ______ .

b) Für welche Zahl ist das Produkt aus dem Doppelten der Zahl und der um 5 verminderten Zahl am kleinsten?

Zahl: ______ ; Doppeltes der Zahl: ______ ; um 5 verminderte Zahl: ______

Produkt p (x) = ________________ ; Produkt in Scheitelform: p (x) = ________________________________ ;

S(____ | ____). Für die Zahl ____ wird das Produkt am kleinsten, nämlich ______ .

3 Eine Großbäckerei verkauft wöchentlich 300 000 Vollkornbrote zu 2,08 € an Supermarktketten. Pro Brot erzielt sie dabei 54 ct Gewinn. Wenn die Großbäckerei ihren Preis um einen Cent verringert, steigert das den Verkauf um 5000 Brote. Bei welchem Preis ist der Gewinn für die Großbäckerei am größten?

Wenn die Großbäckerei den Preis eines Brotes um x ct verringert, macht sie pro Brot ________ ct Gewinn. Durch die Preissenkung um 1 ct verkauft sie wöchentlich 5000 Brote mehr, bei einer Preissenkung um x ct müsste sie __________ Brote mehr verkaufen, also 300 000 + __________ insgesamt.

Gewinn G = Gewinn pro Brot · Anzahl __________ . Also gilt:

G = ____________________________________ . Bestimmung des Scheitelpunktes: S(______ | ____________). Der maximale Gewinn ergibt sich für x = ______ ct und beträgt ____________ ct. Dies ist eine Preis ________________ um ______ ct, sodass das Brot dann ______ € kostet.

G = ______ x^2 ______________

G = ______ (____) ______________

G = ______ ((____)^2 ____) ______

G = ______ (____)^2 ______________

1 Löse die quadratische Gleichung, indem du die verschobene Normalparabel zeichnest und die Nullstellen der Funktion abliest. Bringe die Gleichung bei b) erst in Normalform und forme dann in die Scheitelform um.

a) $x^2 + x - 6 = 0$

$f(x) = x^2 + x - 6$

$f(x) = (x$ ___ $)^2$ ___

S(___ | ___)

Nullstellen sind:

$x_1 \approx$ ___ ; $x_2 \approx$ ___

b) $3x^2 + 10{,}5x - 6 = 0$ | ___

$x^2 +$ ___ $= 0$

$f(x) =$ ___

$f(x) = (x$ ___ $)^2$ ___

S(___ | ___)

Nullstellen sind:

$x_1 \approx$ ___ ; $x_2 \approx$ ___

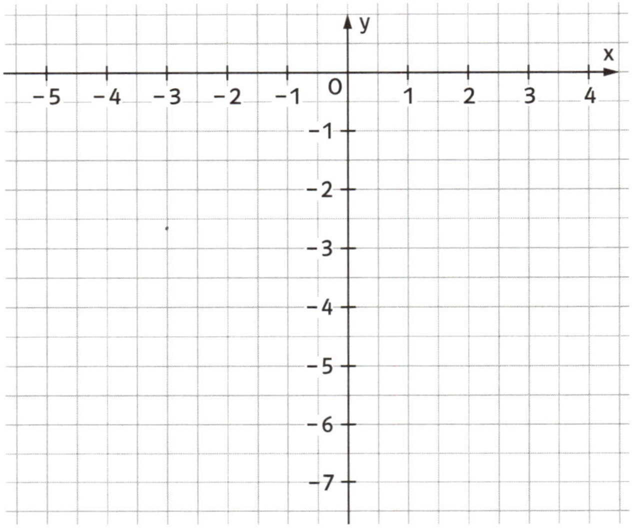

2 Löse die Gleichung zeichnerisch, indem du die Schnittstellen der Normalparabel mit einer Geraden bestimmst. Forme zuerst die Gleichung geeignet um. Zeichne dann die Gerade, notiere die Schnittstellen.

a) $x^2 - \frac{1}{2}x + \frac{1}{2} = 0$

$x^2 = \frac{1}{2}x - \frac{1}{2}$

Normalparabel: $y = x^2$

Gerade: $y =$ ___

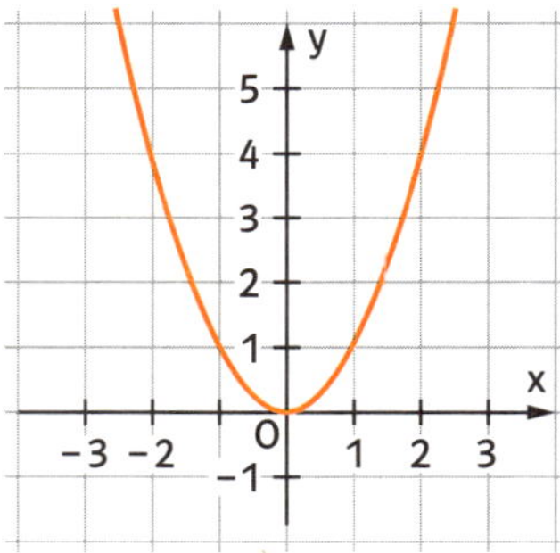

$x_1 \approx$ ___ ; $x_2 \approx$ ___

b) $4x^2 + 8x + 2 = 0$ |:4

___

$x^2 =$ ___

$y =$ ___

$y =$ ___

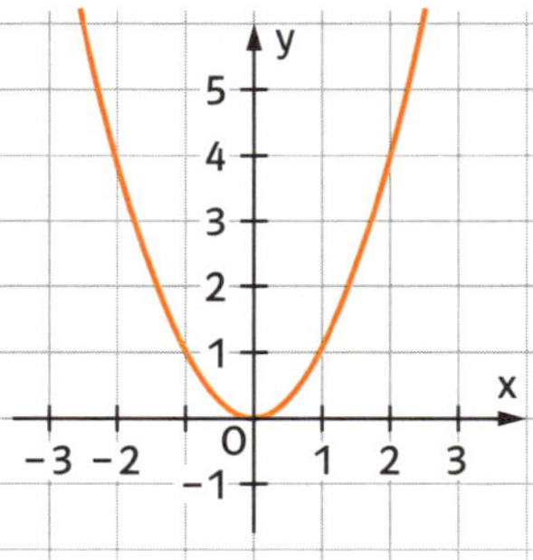

$x_1 \approx$ ___ ; $x_2 \approx$ ___

c) $x^2 - x - 1 = 0$

$x^2 =$ ___

$y =$ ___

$y =$ ___

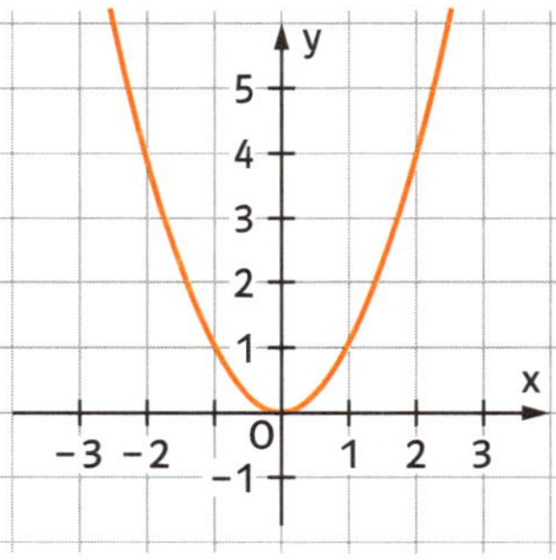

$x_1 \approx$ ___ ; $x_2 \approx$ ___

d) $2x^2 + 3x + 2 = 0$ |:2

___

$x^2 =$ ___

$y =$ ___

$y =$ ___

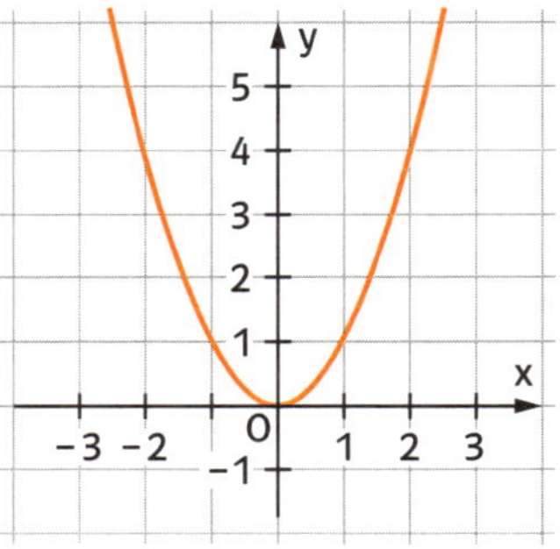

$x_1 \approx$ ___ ; $x_2 \approx$ ___

3 Welche Gleichung kann mithilfe der Zeichnung gelöst werden? Gib Näherungslösungen an.

a)

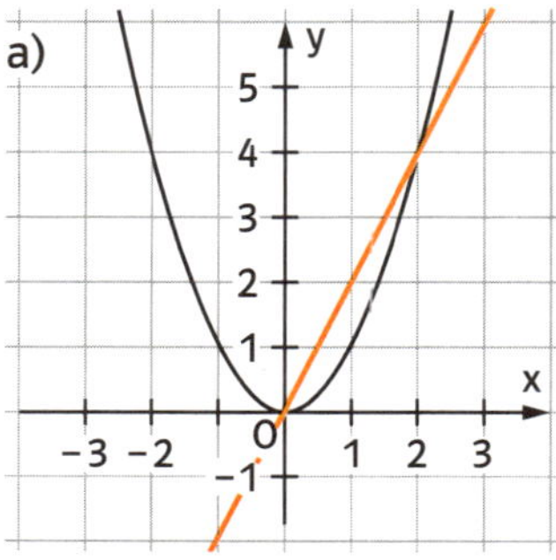

Gerade: $y =$ ___

Gleichung: $x^2 =$ ___

$x_1 \approx$ ___ ; $x_2 \approx$ ___

b)

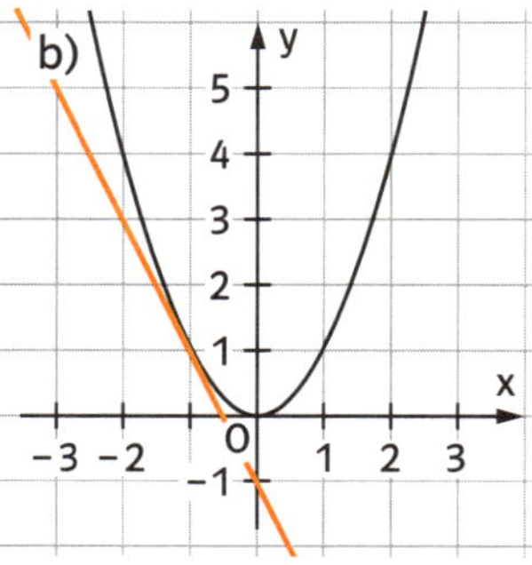

$y =$ ___

$x^2 =$ ___

$x_1 \approx$ ___ ; $x_2 \approx$ ___

c)

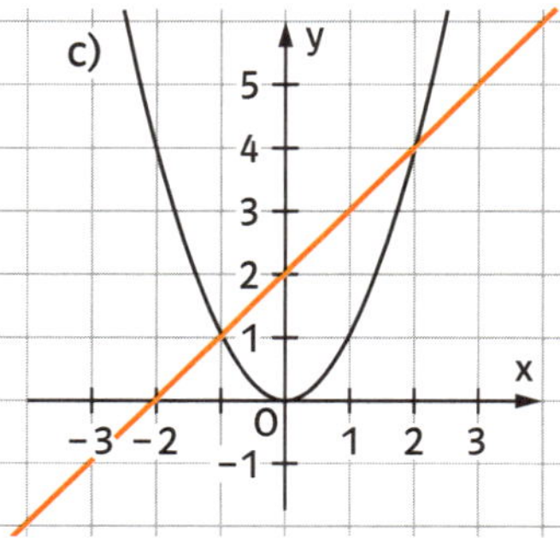

$y =$ ___

$x^2 =$ ___

$x_1 \approx$ ___ ; $x_2 \approx$ ___

d)

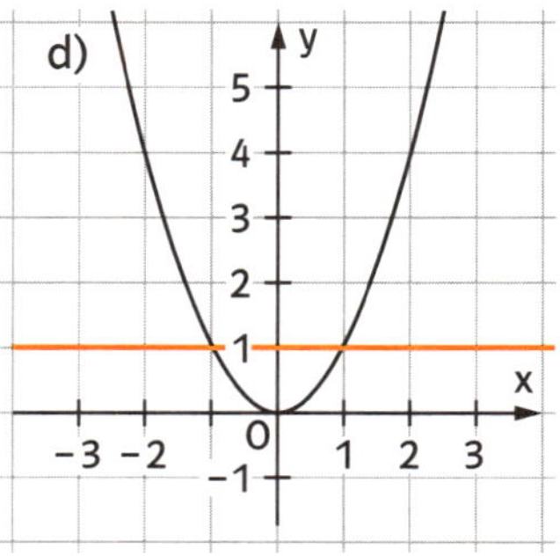

$y =$ ___

$x^2 =$ ___

$x_1 \approx$ ___ ; $x_2 \approx$ ___

Lösen quadratischer Gleichungen (2)

1 Bestimme die Lösungen rechnerisch mithilfe der pq-Formeln.

a) $x^2 - 8x + 7 = 0$

p = ___, q = ___

$x_{1,2} = -\frac{\square}{2} \pm \sqrt{\left(\frac{\square}{2}\right)^2 - \square}$

= ______

= ______

= ______

x_1 = ______ und x_2 = ______

b) $x^2 + 3x - 10 = 0$

______

$x_{1,2}$ = ______

______

______

______

x_1 = ______ und x_2 = ______

c) $x^2 + 8x + 12 = 0$

______

$x_{1,2}$ = ______

______

______

______

x_1 = ______ und x_2 = ______

2 Ergänze die Tabelle.

	Quadratische Gleichung	Einsetzen in pq-Formel	Wert der Diskriminante	Anzahl der Lösungen	Lösungen, falls vorhanden
a)	$x^2 + 4x - 21 = 0$	$x_{1,2} = -2 \pm \sqrt{2^2 + 21}$	$2^2 + 21 = 25$		
b)	$x^2 - 6x + 9 = 0$				
c)	$x^2 - 3x + 8 = 0$				
d)	$x^2 + 14x + 24 = 0$				
e)	$x^2 + 3x + 2{,}25 = 0$				
f)	$x^2 - 10x + 30 = 0$				

3 Forme zuerst in die Normalform um. Bestimme dann rechnerisch die Lösungen.
Runde auf zwei Nachkommastellen.

a) $3x^2 = -12x + 24$

$3x^2$ ______ = 0 | : 3

$x^2 +$ ______ = 0

$x_{1,2}$ = ______

= ______

= ______

$x_1 \approx$ ______ und $x_2 \approx$ ______

b) $5x^2 - 20x = 10x - 20$

$5x^2$ ______ = 0

______

$x_{1,2}$ = ______

= ______

= ______

$x_1 \approx$ ______ und $x_2 \approx$ ______

c) $2x + 24 = 6x^2 - x$

______

______

$x_{1,2}$ = ______

= ______

= ______

$x_1 \approx$ ______ und $x_2 \approx$ ______

4 Löse die Gleichung durch Umformen in eine Produktgleichung.

a) $x^2 + 23x = 0$

$x \cdot (x +$ ______ $) = 0$

$x_1 = 0$; x_2 = ______

b) $x^2 - 1{,}3x = 0$

______

x_1 = ______ ; x_2 = ______

c) $x^2 = -3{,}5x$

______

______

x_1 = ______ ; x_2 = ______

d) $x^2 = 5x$

______

______

x_1 = ______ ; x_2 = ______

1 Bestimme die zweite Lösung der quadratischen Gleichung $x^2 + px + q = 0$ mithilfe des Satzes von Vieta, deren Lösungen x_1 und x_2 sind.

> **Satz von Vieta**
> x_1 und x_2 sind genau dann Lösungen von $x^2 + px + q = 0$, wenn gilt: $p = -(x_1 + x_2)$ und $q = x_1 \cdot x_2$

a) $x^2 - 8x + 15 = 0$; $x_1 = 3$

p = ____ ; q = ____

$x_2 =$ $q : x_1 =$ ____

Probe: $-(x_1 + x_2)$ ____

____

b) $x^2 + 8x + 12 = 0$; $x_1 = -6$

p = ____ ; q = ____

$x_2 =$ ____

Probe: ____

____

c) $x^2 + 2x - 15 = 0$; $x_1 = -5$

p = ____ ; q = ____

$x_2 =$ ____

Probe: ____

____

d) $x^2 - 7\frac{2}{7}x + 2 = 0$; $x_1 = 7$

p = ____ ; q = ____

$x_2 =$ ____

Probe: ____

____

e) $x^2 + 8x = 0$; $x_1 = 0$

p = ____ ; q = ____

$x_2 =$ ____

Probe: ____

____

2 Zeige, dass x_1 und x_2 die Lösungen der quadratischen Gleichung sind. Faktorisiere dann den Term.

a) $x^2 + 6x + 5 = 0$ $x_1 = -1$; $x_2 = -5$

p = ____ q = ____

$x^2 + 6x + 5 = (x - (-1)) \cdot (x - (-5)) =$ ____

b) $x^2 - 7x + 12 = 0$ $x_1 = 3$; $x_2 = 4$

p = ____ q = ____

$x^2 - 7x + 12 =$ ____

3 Bestimme die Lösungen der Gleichung durch geschicktes Probieren und mithilfe des Satzes von Vieta.

a) $x^2 + 11x + 30 = 0$

$q = x_1 \cdot x_2$	x_1	x_2	$p = -(x_1 + x_2)$
30	3	10	$-(3 + 10) = -13 \neq 11$
30	5	6	$-(5 + 6) =$

Lösungen sind $x_1 =$ ____ und $x_2 =$ ____ .

b) $x^2 - 7x - 8 = 0$

$q = x_1 \cdot x_2$	x_1	x_2	$p = -(x_1 + x_2)$

Lösungen sind $x_1 =$ ____ und $x_2 =$ ____ .

4 Kontrolliere Amelies Lösungen. Kennzeichne mit ✓ oder f. Notiere ggf. die richtige Lösungsmenge.

a) $x^2 - 6x - 16 = 0$

L = {−2; 8} ☐ L = { ____ }

b) $x^2 - x - 20 = 0$

L = {−5; 4} ☐ L = { ____ }

c) $x^2 + 12x + 35 = 0$

L = {−7; −5} ☐ L = { ____ }

d) $x^2 - 4{,}5x + 4{,}5 = 0$

L = {−3; −1,5} ☐ L = { ____ }

5 Eine verschobene Normalparabel schneidet die y-Achse im Punkt P und hat die Nullstelle x_1. Bestimme die zweite Nullstelle und gib die Gleichung der Parabel in Normalform und faktorisiert an.

a) P(0 | −6), also $q = -6$

$x_1 = 3$ da $q = x_1 \cdot x_2$, also $x_2 =$ ____

$p = -(3$ ____ = ____

also: $y = x^2$ ____ bzw. $y =$ (____)(____)

b) P(0 | 48), also q = ____

$x_1 = 6$ ____

p = ____

also: y = ____

1 Bei Hochspringern lässt sich die Flugbahn des Körperschwerpunktes durch eine Parabel beschreiben. Der Körperschwerpunkt eines stehenden Menschen liegt bei 60 % der Körpergröße. Den Weltrekord der Männer hielt Anfang 2008 der Kubaner Javier Sotomayor, der bei einer Körpergröße von 1,93 m am 27. 07. 1993 2,45 m übersprang. Nimm an, dass bei seinem Sprung der Scheitelpunkt genau 5 cm oberhalb der Latte lag. Die Absprungstelle war 1 m vor der Latte. Welche Höhe hätte Sotomayor übersprungen, wenn er eine Fußlänge (25 cm) zu früh abgesprungen wäre?

Verstehen der Aufgabe

(1) Gegeben: Der Körperschwerpunkt befindet sich beim Absprung ______ m vor der Latte und in der Höhe von ______ % der Körpergröße (______ m), dies sind ______ m. Der Scheitelpunkt der Flugbahn liegt ______ cm über der Latte (______ m), also in einer Höhe von ______ m.

(2) Gefragt ist, welche Höhe er bei verändertem Absprung (______ cm früher) übersprungen hätte.

Ausdenken eines Plans

(1) Wahl einer geeigneten Funktionsgleichung:

Da es sich bei der Flugbahn um eine Parabel handelt, deren Scheitelpunkt bekannt ist, kann sie durch die Funktionsgleichung $y = a \cdot (\_\_\_\_\_\_)^2$ ______ (Scheitelpunktform) beschrieben werden.

(2) Wahl eines Koordinatensystems und Auswertung der Informationen.

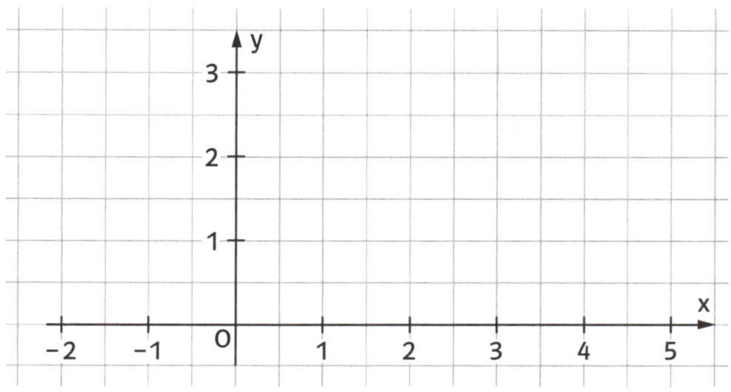

Tipp: Wähle das Koordinatensystem so, dass der Punkt für die Absprungstelle auf der y-Achse liegt. x beschreibt dann die horizontale Entfernung von der ____________, y die Flughöhe des Körperschwerpunktes. Fertige eine Skizze an, die alle wichtigen Informationen enthält.

Koordinaten des Körperschwerpunktes beim Absprung: P(_____ | ______)

Koordinaten des Scheitelpunktes: S(_____ | _____)

Durchführen des Plans

(1) Einsetzen des Punktes S(_____ | _____) in die Scheitelpunktform ergibt $y =$ ____________.

Durch Einsetzen des Punktes P(_____ | ______) erhält man ______ = ______________.

Umformen ergibt ____________.

Also ergibt sich als Funktionsgleichung: $y =$ ____________________.

(2) Wenn Sotomayor 25 cm früher abgesprungen wäre, hätte er bei der Latte dieselbe Höhe gehabt wie bei der skizzierten Flugbahn 25 cm ______ der Latte. Also gibt die y-Koordinate an der Stelle $x =$ ______ die gesuchte Höhe an: ______________________________.

Notwendiger Abstand zur Latte (______ cm) ⟹ übersprungene Höhe: ______ m

Rückschau

(1) Wenn Sotomayor 25 cm früher abgesprungen wäre, hätte er nur eine Höhe von ______ m übersprungen.

(2) Das Ergebnis ist realistisch, weil ______________________________________.

Gleichungen, die auf quadratische Gleichungen führen

Ein Produkt ist null, wenn einer der Faktoren null ist.

1 Löse die Gleichung, indem du zuerst ausklammerst.

a) $x^3 - x^2 - 6x = 0$ | x ausklammern

x(____) = 0

$x_1 = 0$ oder ____ = 0

$x_{2,3} =$ ____

$x_2 =$ ____ ; $x_3 =$ ____

Lösungsmenge L = ____

b) $z^3 + 4z^2 - 5z = 0$ | ____

____

Lösungsmenge L = ____

2 Claudia hat x^2 durch z substituiert. Welche Gleichungen gehören zusammen? Verbinde sie.

$z^2 + z + 8 = 0$

$x^4 + 2x^2 + 8 = 0$

$z^2 + 2z + 8 = 0$

$z^2 - 2z - 8 = 0$

$x^4 + x^2 + 8 = 0$

$x^4 - x^2 + 8 = 0$

$x^4 - 2x^2 - 8 = 0$

$z^2 - z + 8 = 0$

3 Löse die Gleichung, substituiere zuerst.

$x^4 - 8x^2 - 9 = 0$ | $x^2 = z$

____

$z_{1,2} =$ ____

$z_1 =$ ____ ; $z_2 =$ ____

$x^2 =$ ____ $x^2 =$ ____

Substitution rückgängig machen

Lösungsmenge L = ____

4 Löse die Bruchgleichung, indem du sie zuerst mit dem Hauptnenner multiplizierst. Überprüfe, ob die Gleichung für die Ergebnisse definiert ist.

a) $\frac{1}{x} - \frac{x}{2x-2} = \frac{1-2x}{2x-2}$ | $\cdot x(2x-2)$

$\frac{x(2x-2)}{x} - \frac{x \cdot x(2x-2)}{2x-2} = \frac{(1-2x)x(2x-2)}{2x-2}$

____

x^2 ____ = 0

$x_{1,2} =$ ____

$x_1 =$ ____ ; $x_2 =$ ____

Die Ausgangsgleichung ist für x = ____ nicht definiert, also ist die Lösungsmenge L = ____ .

b) $\frac{3x-6}{x-2} = \frac{x+2}{x-6}$ | ____

$\frac{(3x-6)\quad}{x-2} = \frac{(x+2)\quad}{x-6}$

____

____ = 0 | ____

x^2 ____

$x_{1,2} =$ ____ $x_1 =$ ____ ; $x_2 =$ ____

5 Löse die Wurzelgleichung.

$1 + \sqrt{17 - 2x} = x$ | − 1

$\sqrt{17 - 2x} = x - 1$

$(\sqrt{17 - 2x})^2 =$ ____

Isolieren der Wurzel

Quadrieren und Lösen

$x_1 =$ ____ ; $x_2 =$ ____

Überprüfen der Lösungen

Lösungsmenge L = ____

Quadratische Funktionen und quadratische Gleichungen | Merkzettel

Fülle die Lücken. Für jeden Buchstaben findest du einen Strich. Löse dann die Beispielaufgaben.

Rein quadratische Funktionen

Funktionen mit Funktionsgleichungen der Form $y = ax^2$ heißen rein quadratische Funktionen.

Ihre Graphen heißen _ _ _ _ _ _ _ _ _ . Sie verlaufen alle durch den Punkt S(___ | ___), den _ _ _ _ _ _ _ _ _ _ _ _ _ der Parabel.

Der Graph von $y = x^2$ heißt Normalparabel.

■ Notiere die Funktionsgleichungen.

a) $y = x^2$

b) y = ______

c) y = ______

d) y = ______

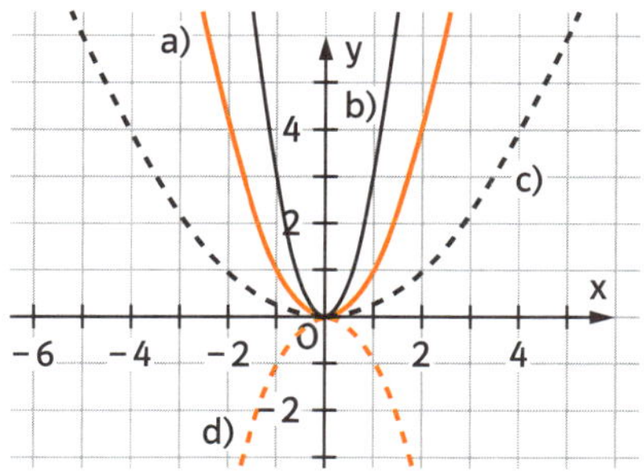

Quadratische Funktionen

Funktionen, deren Funktionsgleichungen in der Form $y = a(x - d)^2 + e$ dargestellt werden können, heißen quadratische Funktionen. Ihre Graphen heißen _ _ _ _ _ _ _ _ . Der Graph der Funktion ist der von $y = ax^2$, aber um d in Richtung der _ -Achse und um e in Richtung der _ -Achse verschoben. Der Scheitelpunkt der Parabel liegt bei S(___ | ___).

■ Gib die Funktionsgleichung des verschobenen Graphen und den Scheitelpunkt an.

a) y = ______________

S(______ | ______)

b) y = ______________

S(______ | ______)

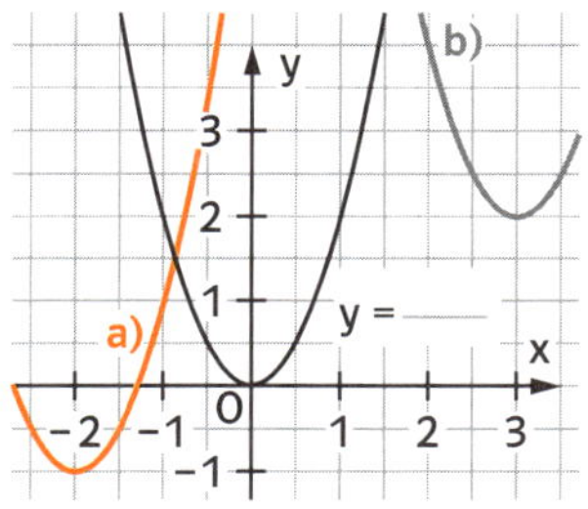

Scheitelform und allgemeine Form

Die Funktionsgleichung kann angegeben werden in der Scheitelform $y = a(x - d)^2 + e$ oder in der allgemeinen Form y = ___ x^2 + ___ x + ___ .

Scheitelform —**ausmultiplizieren**→ allgemeine Form

←_ _ _ _ _ _ _ _ _ _ _ ergänzen

■ Forme in die Scheitelform um.

$y = x^2 - 6x + 13$

$y = x^2 - 6x$ ____________ + 13

$y = (x$ ________ $)^2$ ________

■ Gib in allgemeiner Form an.

$y = (x + 1)^2 - 5 = x^2$ ______________ $= x^2$ ______________

Quadratische Gleichungen

Gleichungen der Form $ax^2 + bx + c = 0$ heißen quadratische Gleichungen. Sie haben zwei, eine oder keine Lösung. Durch Division mit a erhält man die Gleichung in der Normalform.

■ Bringe die Gleichung in die Normalform.

$4x^2 + 4x - 5 = 0$ | ____

$x^2 +$ ____________

Lösen quadratischer Gleichungen

1. Zeichnerisches Lösen liefert Näherungslösungen:

a) _ _ _ _ _ _ _ _ _ _ _ _ der Funktion $y = x^2 + px + q$ bestimmen.

b) _ _ _ _ _ _ _ _ _ _ _ _ _ _ der Funktionen $y = x^2$ und $y = -px - q$ bestimmen.

Die x-Werte der Schnittpunkte sind Lösungen der Gleichung $x^2 = -px - q$ und von $x^2 + px + q = 0$.

2. Rechnerisches Lösen mit der pq-Formel:

$x_1 = -\frac{p}{2} + \sqrt{\left(\frac{p}{2}\right)^2 - q}$ und $x_2 = -\frac{p}{2} - \sqrt{\left(\frac{p}{2}\right)^2 - q}$

■ Löse die Gleichung $x^2 + x - 1{,}25 = 0$.

1. a)

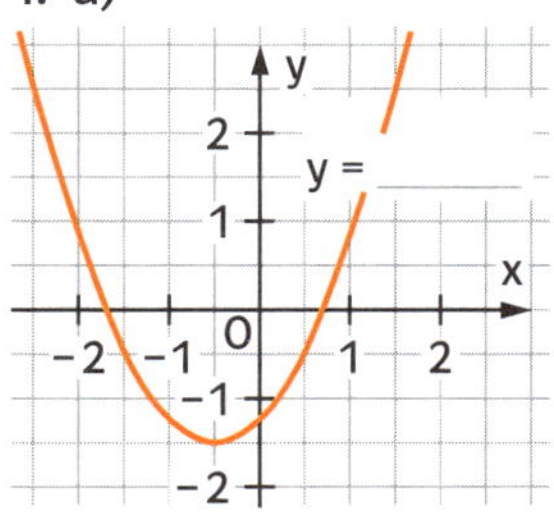

$x_1 \approx$ ______ ; $x_2 \approx$ ______

b)

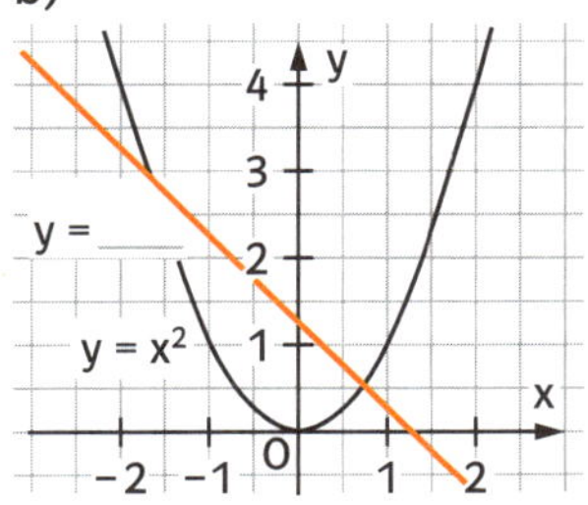

$x_1 \approx$ ______ ; $x_2 \approx$ ______

2. $x_{1,2} = -\frac{\square}{2} \pm \sqrt{\left(\frac{\square}{2}\right)^2 - \square} =$ ______ $\pm \sqrt{\quad}$

$x_1 =$ ______________ ; $x_2 =$ ______________

1 Markiere im rechtwinkligen Dreieck jeweils Ankathete, Gegenkathete und Hypotenuse von α. Gib dann zu jedem Dreieck sin (α) als Bruch an.

a)

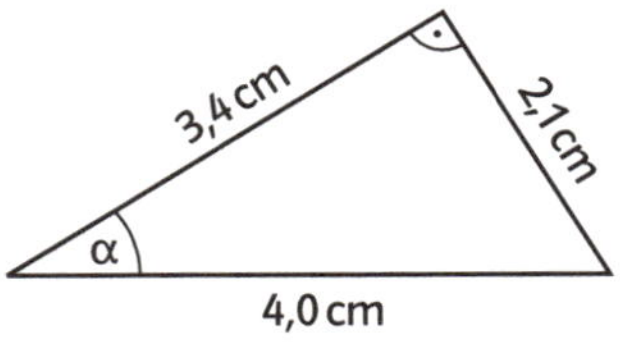

$\sin(\alpha) = \frac{\square}{\square}$

b)

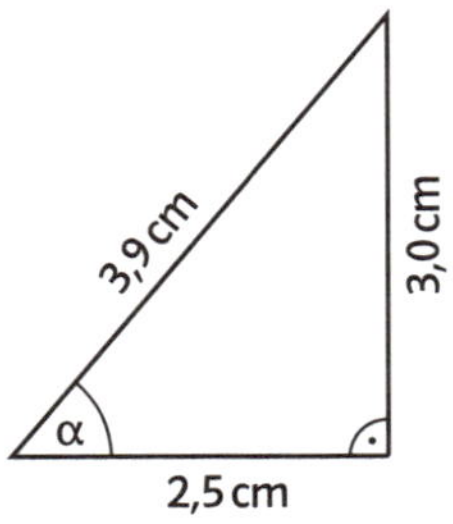

$\sin(\alpha) = \frac{\square}{\square}$

c)

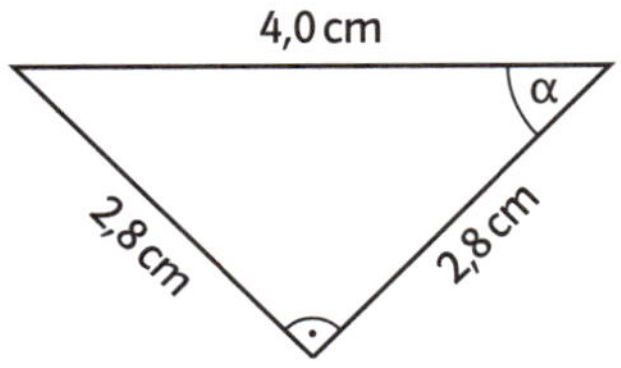

$\sin(\alpha) = \frac{\square}{\square}$

2 Ergänze die fehlenden Angaben.

$\sin(\square) = \frac{a}{\square}$

$\sin(\square) = \frac{c}{\square}$

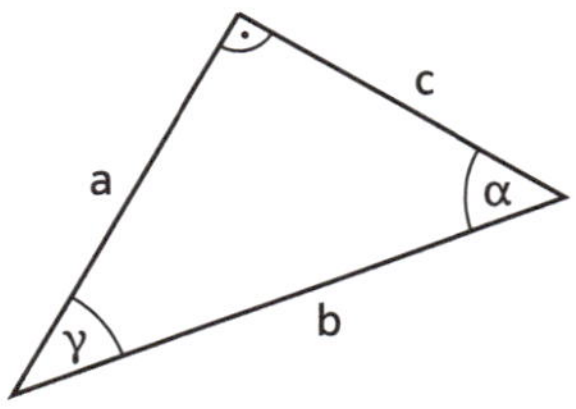

3 Schreibe alle unterschiedlichen Möglichkeiten auf.

$\sin(\square) = \frac{\square}{c}$

$\sin(\square) = \frac{\square}{c}$

$\sin(\square) = \frac{\square}{c}$

$\sin(\square) = \frac{\square}{c}$

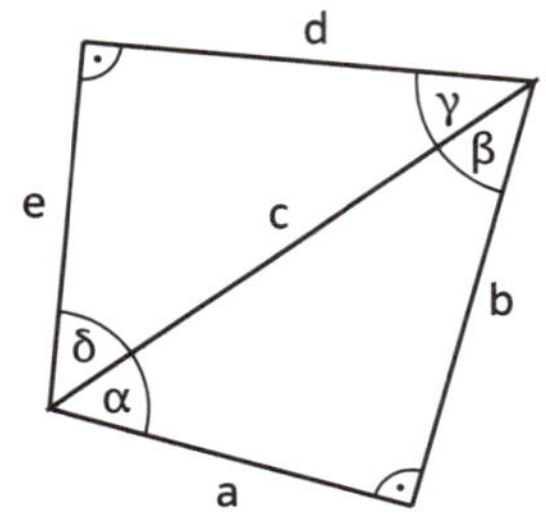

4 Berechne die fehlenden Seitenlängen und Winkelgrößen im Dreieck ABC, für a = 3 cm, b = 4 cm und γ = 90°. [T1 – T3]

Skizze:

c = ____________

α ≈ ____________

β ≈ ____________

5 Richtig oder falsch? Kreuze an. Korrigiere vorhandene Fehler in den Brüchen.

	richtig	falsch	Korrektur, z. B.
$\sin(\alpha) = \frac{c}{e}$	○	⊗	$\sin(\alpha) = \frac{w}{e}$
$\sin(\alpha) = \frac{u}{h+g}$	○	○	
$\sin(\alpha) = \frac{v}{e+f}$	○	○	
$\sin(\alpha) = \frac{v}{g}$	○	○	
$\sin(\alpha) = \frac{v}{a}$	○	○	
$\sin(90° - \alpha) = \frac{c}{e}$	○	○	[T4]

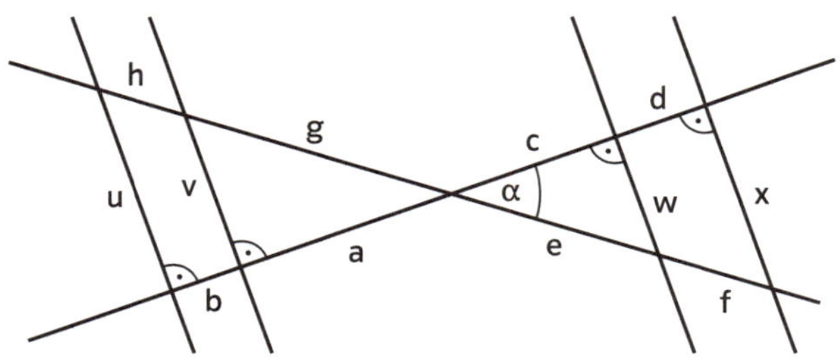

[T1] Skizziere und beschrifte das Dreieck.

[T2] Das Dreieck ist rechtwinklig, also kann die fehlende Seite mit dem Satz des Pythagoras berechnet werden.

[T3] $\sin(\alpha) = \frac{\text{Gegenkathete}}{\text{Hypotenuse}}$

[T4] Wenn γ = 90° gilt, so ist im Dreieck (mit den Winkeln α, β und γ) β = 90° − α.

1 Ordne den Dreiecken geeignete Kärtchen zu.

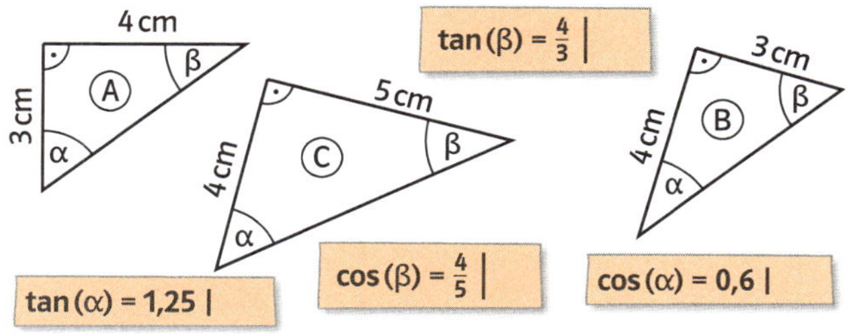

3 Es ist $\tan(\alpha) = \frac{3}{2}$. Skizziere zwei Dreiecke mit diesem Seitenverhältnis.

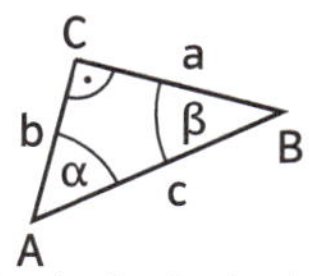

2 Berechne die fehlenden Einträge für das rechtwinklige Dreieck ABC und trage sie in der Tabelle ein.

	a)	b)
Skizze	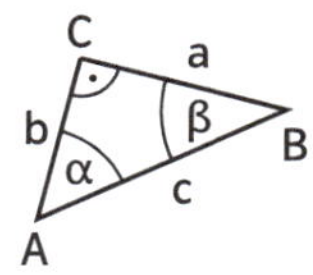	
a	3,2 cm	
b	4,5 cm	
c		6 cm
tan (α)		$\sqrt{3}$
α		
cos (β)		$\frac{1}{2} \cdot \sqrt{3}$
β		
γ	90°	

4 Von einem symmetrischen Dach sind die Höhe h = 3,10 m und die Dachbodenbreite b = 8,50 m bekannt.

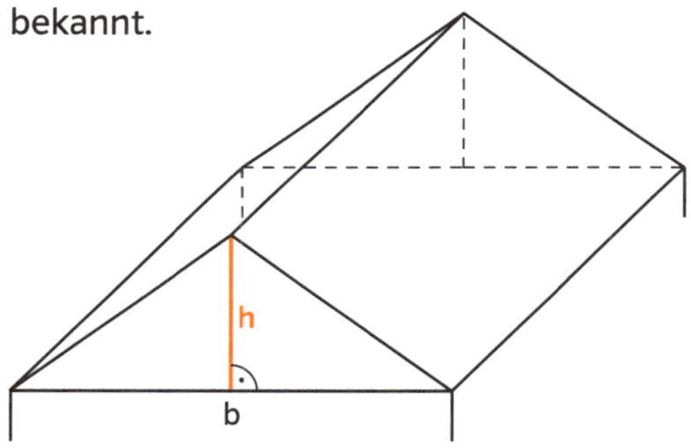

Bestimme den Neigungswinkel α des Daches.

5 Von der Uferpromenade am See zur Straße wird eine Treppe mit einer Zufahrt gebaut.
Die Stufen der Treppe haben eine Tiefe von 40 cm und eine Höhe von 22 cm.

a) Wie groß ist der Neigungswinkel α des Treppengeländers? [T1]

b) Welche Steigung (in %) müssen Fahrradfahrer und Kinderwagen auf der Zufahrt überwinden? [T2]

[T1] $\tan(\alpha) = \frac{\text{Gegenkathete}}{\text{Ankathete}}$

[T2] $m = \tan(\alpha)$; die Steigung in % ist also $m \cdot 100$

1 Ordne die Kärtchen A – D den Dreiecken so zu, dass die fehlenden Werte möglichst schnell berechnet werden können.

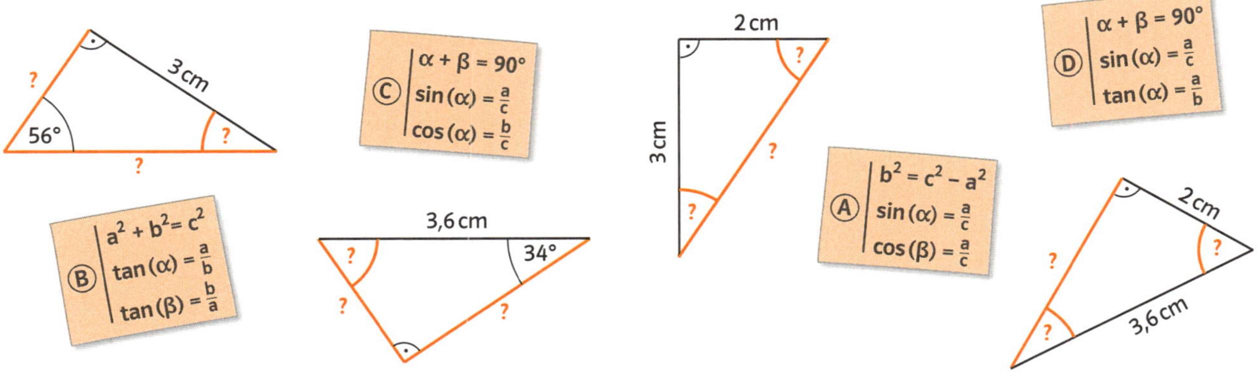

2 Ein Turm ist 8 m von einem geradlinig verlaufenden Fluss entfernt. Von der Aussichtsplattform in 20 m Höhe erscheint das jenseitige Flussufer unter einem Winkel von $\alpha = 50°$. Wie breit ist der Fluss?

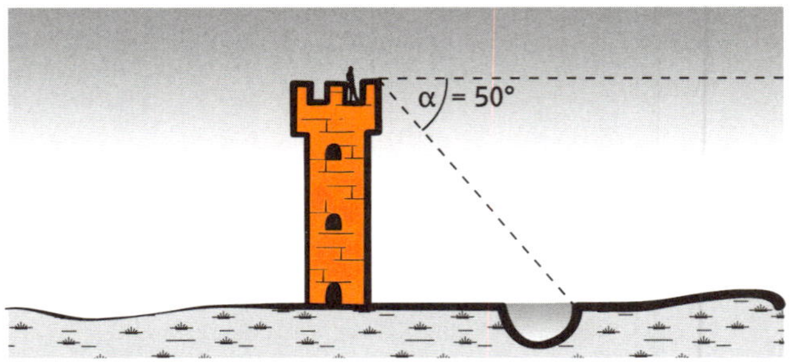

a) Welche Skizze passt zur Aufgabe? Kreuze an.

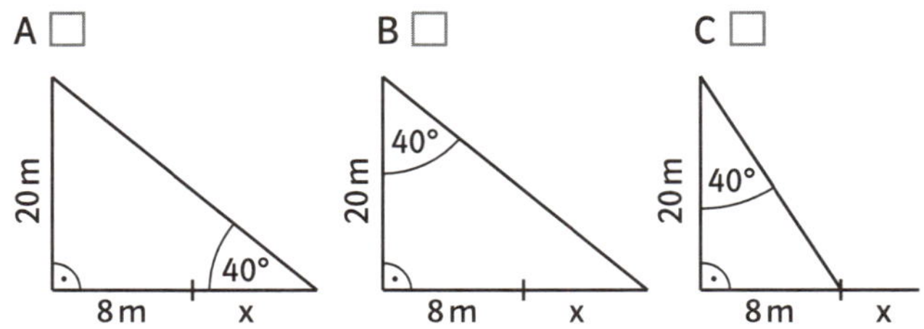

b) Bestimme x mit ______ (40°) = $\frac{\square}{\square}$. x ≈ ______ m

3 a) Ein Quader hat die bekannten Kantenlängen a = 5 cm, b = 4 cm und c = 3 cm. Schneidet man den Quader wie abgebildet durch, erhält man ein Viereck BCHE, in dem β liegt. Färbe das rechtwinklige Dreieck, in dem β liegt. Berechne nun β. **[T1]**

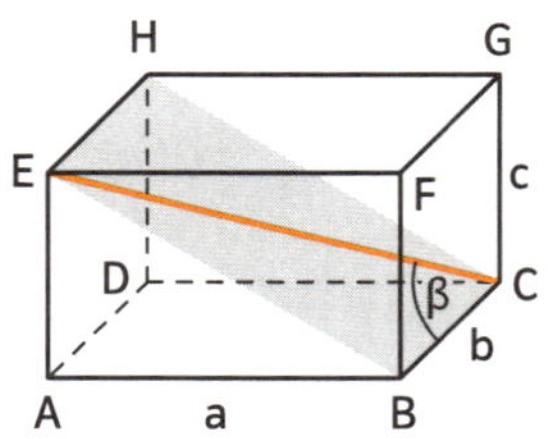

β ≈ ______

b) Im gleichen Quader soll nun der Winkel α berechnet werden.
Zeichne zuerst eine geeignete Schnittfläche ein (nutze dazu geeignete Hilfslinien). **[T2]**

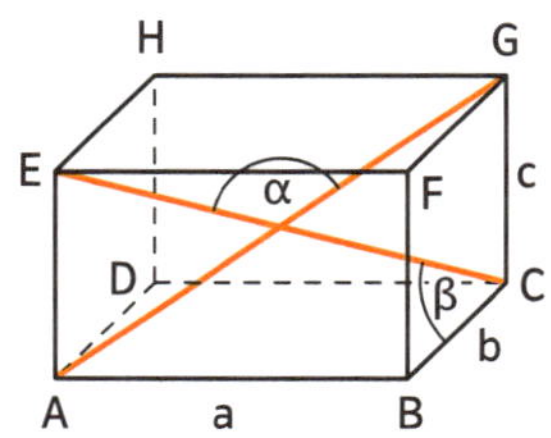

α ≈ ______

[T1] Berechne zunächst EB als Flächendiagonale mithilfe des Satzes von Pythagoras.

[T2] Betrachte das Rechteck ACGE. Der Schnittpunkt der Diagonalen liegt auf halber Höhe.

1 Eine quadratische Pyramide hat eine Grundkante von $a = 18\,cm$ und eine Höhe von $h = 24\,cm$.

a) Berechne den Winkel α zwischen einer Seitenfläche und der Grundfläche. [T1]

$\alpha \approx$ ______

b) Berechne den Winkel β zwischen einer Seitenkante s und der Grundfläche. [T2]

$\beta \approx$ ______

2 a) Mit welcher Geschwindigkeit bewegt sich ein Außenfahrstuhl nach dem Start in die Höhe, wenn der Sehwinkel zur Horizontalen zunächst $\alpha = 40°$ und fünf Sekunden später $\beta = 48°$ misst und die horizontale Entfernung zum Fahrstuhl dabei 20 m beträgt?

$\tan(40°) = \frac{\quad}{\quad}$

$a \approx$ ______

$\tan(48°) =$ ______ | ______

______ | ______

______

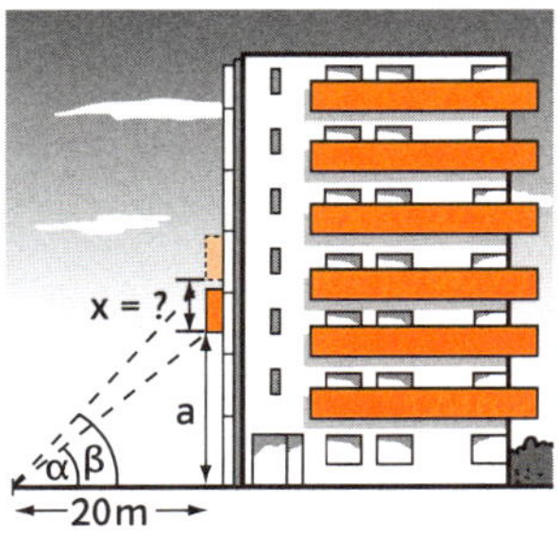

Der Fahrstuhl steigt in fünf Sekunden um ______ m.
Dies entspricht einer Geschwindigkeit von

______ m/s ≈ ______ m/s.

Da 1 m/s = 3,6 km/h, sind dies etwa ______ km/h.

b) Ein Heißluftballon verharrt kurz vor seiner Landung aufgrund einer herannahenden Böe in einer konstanten Höhe. Er erscheint dabei von Gunnars Standpunkt unter einem Blickwinkel von $\gamma = 54°$. Als sich Gunnar um 10 m auf den Ballon zu bewegt, erscheint der Ballon unter einem Blickwinkel von $\alpha = 62°$. In welcher Höhe befindet sich der Ballon, wenn Gunnars Augenhöhe 1,50 m über dem Boden beträgt?

Es ist $\tan(54°) =$ ______ (1)

und $\tan(62°) =$ ______ (2).

Aus (2) folgt durch Umformen

b = ______ .

Setzt man b in (1) ein, so folgt

______ [T3].

Der Ballon befindet sich in ______ m Höhe.

3 Ein Dach hat die unten gezeigte Form.
Bekannt sind die Länge a, die Breite b, die Firstlänge f und die Höhe h.
Markiere Hilfslinien und rechte Winkel, die zur Berechnung des Winkels α zwischen der Dachkante s und der Dachbodenfläche ABCD notwendig sind.

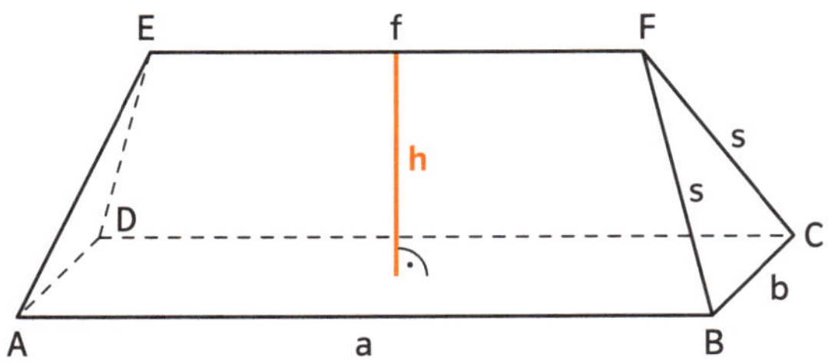

[T1]

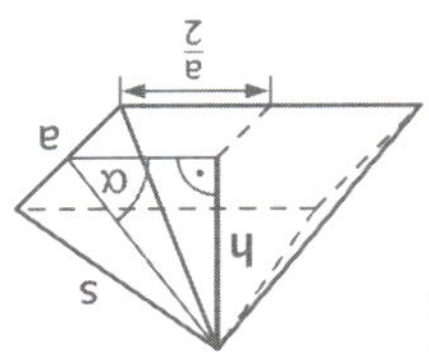

[T2]

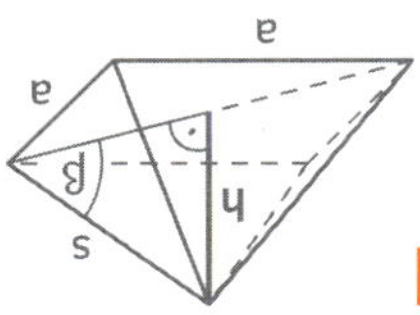

[T3] Bruchgleichungen löst man, indem man zuerst mit dem Nenner durchmultipliziert. Für die Gesamthöhe ist Gunnars Augenhöhe zu berücksichtigen.

1 a) Zeichne in der nebenstehenden Abbildung mit unterschiedlichen Farben ein: sin (40°), cos (40°) und tan (40°).

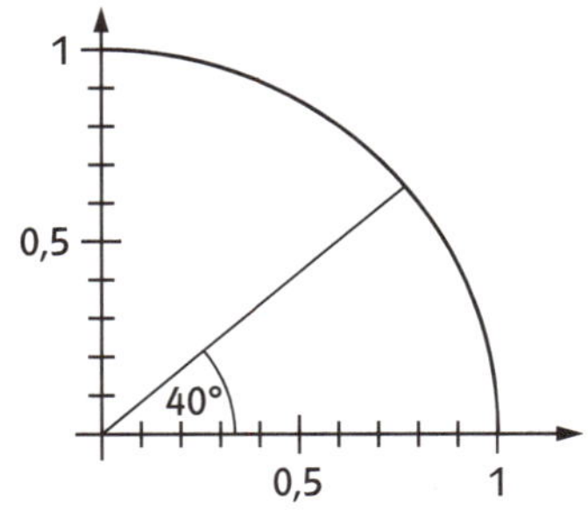

b) Trage den zugehörigen Winkel ein.

sin (40°) = cos (_____)   cos (40°) = sin (_____)

c) Lies mithilfe der Abbildung einen Näherungswert ab.

sin (50°) ≈ _______ , cos (50°) ≈ _______ , tan (40°) ≈ _______

2 Bestimme den zugehörigen Winkel grafisch.

$\sin(\alpha) = 0{,}6$; $\alpha \approx$ _______ $\tan(\alpha) = 1{,}5$; $\alpha \approx$ _______ $\cos(\alpha) = 0{,}2$; $\alpha \approx$ _______ $\tan(\alpha) = 0{,}6$; $\alpha \approx$ _______

3 a) Aus $\sin^2(\alpha) + \cos^2(\alpha) = 1$ folgt durch Umformen

$\sin^2(\alpha) =$ _______________ | ___

$\sin(\alpha) =$ _______________

analog $\cos(\alpha) =$ _______________ .

b) Ergänze die Tabelle mithilfe der Formeln aus Teilaufgabe a).

$\sin(\alpha)$	0,8		$\frac{2}{5}\sqrt{6}$		0
$\cos(\alpha)$		$\frac{1}{3}\sqrt{5}$		$\frac{1}{2}\sqrt{2}$	

4 Das Rotorblatt eines Windrads mit einem Durchmesser von 50 m benötigt für eine Viertelumdrehung 0,9 Sekunden. Die Nabe des Windrads liegt in 45 m Höhe. Zu Beginn der Beobachtung befindet sich ein Rotorblatt waagrecht auf genau halber Höhe.

a) Zeichne einen geeigneten Viertel-Einheitskreis, um die Lage dieses Rotorblatts nach 0,3 und 0,55 Sekunden einzuzeichnen.

b) Lies ab, in welcher Höhe sich die Spitze dieses Rotorblatts nach 0,3 und 0,55 Sekunden befindet.

____

5 Finde den Fehler und verbessere die Gleichung.

a) $\tan^2(\alpha) = \frac{\sin^2(\alpha)}{\cos^2(\alpha)} = \frac{1 + \cos^2(\alpha)}{\cos^2(\alpha)} = \frac{1}{\cos^2(\alpha)} + 1$

____

b) $\cos(\alpha) \cdot \tan(\alpha) = \cos(\alpha) \cdot \frac{\cos(\alpha)}{\sin(\alpha)} = \frac{\cos^2(\alpha)}{\sin(\alpha)} = \frac{1 - \sin^2(\alpha)}{\sin(\alpha)} = \frac{1}{\sin(\alpha)} - \sin(\alpha)$

____

Zur Erinnerung:

$\tan(\alpha) = \frac{\sin(\alpha)}{\cos(\alpha)}$

$\sin^2(\alpha) + \cos^2(\alpha) = 1$

Fülle die Lücken. Für jeden Buchstaben findest du einen Strich. Löse dann die Beispielaufgaben.

Sinus, Kosinus und Tangens im rechtwinkligen Dreieck

Stimmen Dreiecke in allen Winkeln überein, so stimmen auch die

_ _ _ _ _ _ _ _ _ _ _ _ _ einander entsprechender Seiten überein.

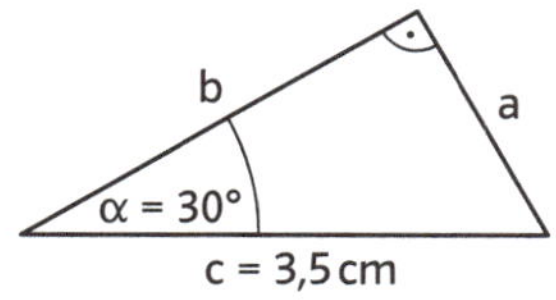

sin (α) = ___

cos (α) = ___

tan (α) = ___

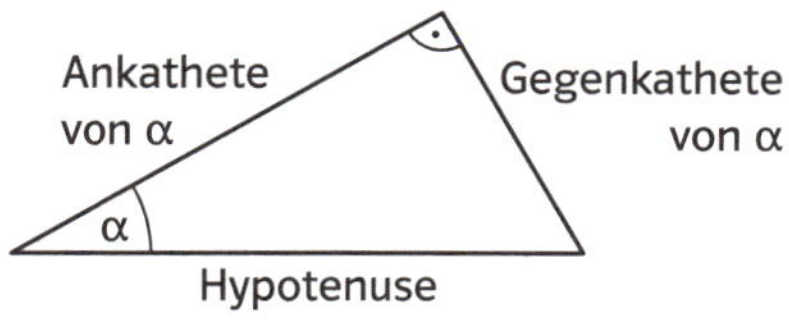

- a = ___
- b = ___

Berechnungen an Figuren

Eine sinnvolle Vorgehensweise zur Berechnung von Streckenlängen und Winkeln in Figuren ist:

1. Zeichne eine Skizze und markiere unterschiedlich alle gegebenen und gesuchten Seitenlängen und Winkel.
2. Trage – falls notwendig – Hilfslinien ein, um rechtwinklige Teildreiecke zu erhalten.
3. Berechne mit den trigonometrischen Beziehungen, dem Satz des Pythagoras und dem Winkelsummensatz die gesuchten Größen.

- Ein Würfel hat die Kantenlänge a = 6 cm. Berechne den Winkel zwischen einer Seitenflächendiagonalen und der Raumdiagonalen.

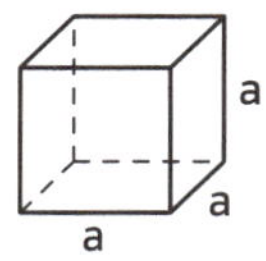

___

___

___

___

Sinus, Kosinus und Tangens am Einheitskreis

Hat die Hypotenuse den Wert 1, so kann man _ _ _ _ _ und _ _ _ _ _ _ _ als Gegenkathete von α bzw. Ankathete von α im rechtwinkligen Dreieck identifizieren und einzeichnen.

Hat die Ankathete von α den Wert 1, so kann man _ _ _ _ _ _ _ _ am Einheitskreis einzeichnen und dessen Wert ablesen.

Nach dem Einzeichnen in der nebenstehenden Abbildung von sin (49°), cos (49°) und tan (49°) liefert ein Ablesen der Werte:

sin (49°) = ___ ; cos (49°) = ___ ; tan (49°) = ___ .

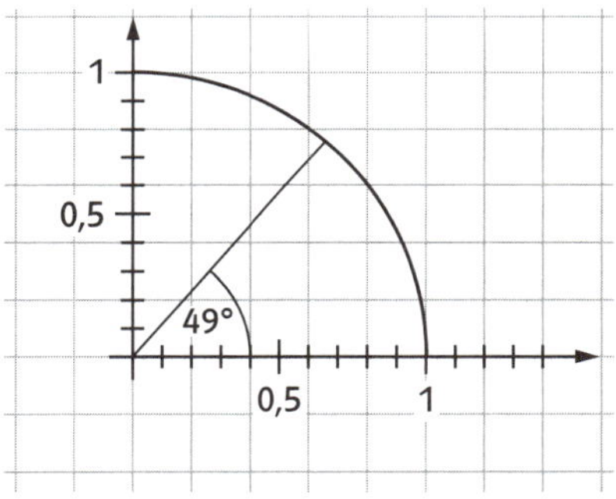

Beziehungen zwischen Sinus, Kosinus und Tangens

Es bestehen für jeden Winkel α die folgenden Zusammenhänge.

1. sin (α) = cos (___ – α)
2. cos (α) = sin (___ – α)
3. $\tan(\alpha) = \frac{}{\cos(\alpha)}$
4. $\tan(\text{\_\_\_}) = \frac{1}{\tan(\alpha)}$
5. $\sin^2(\alpha)$ + ___ = 1

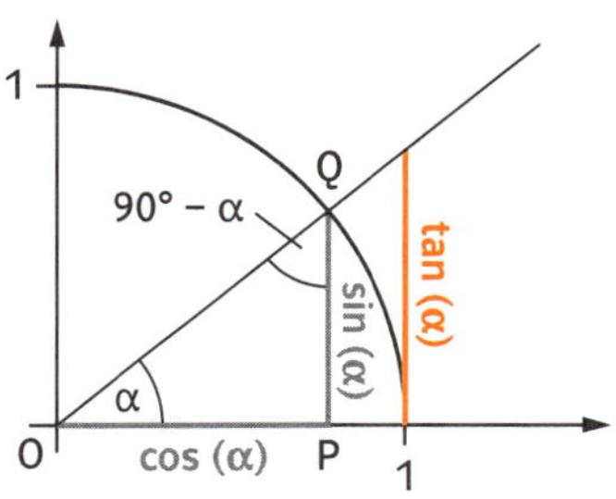

Ergänze mit einem Winkel 0° < α < 90°.

- sin (76°) = cos (___)
- cos (45°) = sin (___)
- tan (60°) = ___ = ___
- tan (30°) = ___ = ___
- $\sqrt{1 - \cos^2(60°)}$ = ___ = ___

1 Gib die Funktionsgleichung des Graphen an.

a) y = ______________ S(______|______)

b) y = ______________ S(______|______)

c) y = ______________ S(______|______)

d) y = ______________ S(______|______)

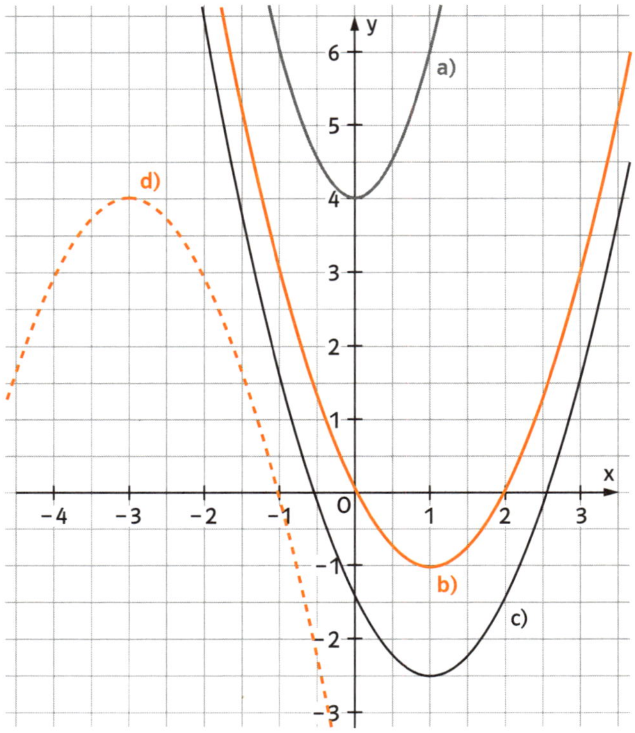

2 Faktorisiere die Terme.
Tipp: Manchmal hilft der Satz von Vieta.

a) $x^2 - 5x + 6$ = ______________

b) $x^2 + 2x - 24$ = ______________

c) $x^2 - 3x$ = ______________

d) $2x^2 + 8x$ = ______________

e) $x^2 - 26x + 169$ = ______________

3 Für welche Zahl ist das Produkt mit der um elf verkleinerten Zahl am kleinsten?

Zahl: ______ ; um 11 verkleinerte Zahl: ______ ; Produkt: ______ S(______|______)

Für die Zahl ______ wird das Produkt am kleinsten, nämlich ______ .

4 Ergänze die Tabelle zu den drei rechtwinkligen Dreiecken. Fertige zunächst eine Skizze an, in der du den rechten Winkel und die Seiten einzeichnest. Benenne dann auch die beiden anderen Winkel.

	Skizze	a	b	c	α	β	γ
a)		4,6 cm	2,8 cm		90°	$\sin(\beta) = \frac{\square}{\square}$ β = ______	
b)			$\sin(\gamma) = \frac{\square}{\square}$	5,2 cm		90°	35°
c)		3,2 cm			48°	42°	

Potenzen mit ganzzahligen Exponenten

1 Verbinde zusammengehörige Karten.

Kilo... (k) | 10^{-1} | Dezi... (d) | 10^{-2} | Milli... (m) | 10^3 | Mikro... (µ) | 10^{-3}
10^6 | Mega... (M) | Hekto... (h) | 10^{-6} | Nano... (n)
Giga... (G) | 10^9 | 10^{-9} | Zenti... (c) | 10^2

Hausstaubmilbe

2 Ergänze die Tabelle.

		Übersetzung der Einheit	wissenschaftliche Schreibweise	Dezimalschreibweise
a)	feiner Staub: 35 µm	$35 \cdot 10^{-6}$ m	m	m
b)	Hausstaubmilbe: 0,2 mm (Foto oben)			
c)	Luftdruck am Mount Everest: 320 hPa			
d)	Druck im Marianengraben: 110 MPa			
e)	HI-Virus: 110 nm			
f)	Leistung eines Windrads: 1500 kW			

3 Schreibe ohne Zehnerpotenz.

a) $7{,}34 \cdot 10^7 =$ ______ b) $2{,}9 \cdot 10^{-3} =$ ______ c) $1052 \cdot 10^{-5} =$ ______

d) $62 \cdot 10^4 =$ ______ e) $0{,}41 \cdot 10^5 =$ ______ f) $507 \cdot 10^{-6} =$ ______

4 Drei der Umformungen sind fehlerhaft. Streiche in dem Fall den Wert rechts vom Gleichheitszeichen und korrigiere ihn.

a) $4^{-2} = \frac{1}{4^2}$ ______ b) $-\frac{1}{4^{-2}} = 4^2$ ______ c) $(-4)^{-2} = \frac{1}{16}$ ______

d) $\frac{1^3}{3} = \frac{1}{27}$ ______ e) $\left(-\frac{1}{3}\right)^3 = -\frac{1}{27}$ ______ f) $\left(\frac{1}{3}\right)^{-3} = -\frac{1}{27}$ ______

5 Schreibe mit positivem Exponenten.

a) $5^{-7} \cdot 3^2 =$ ______ b) $\frac{6^6}{5^{-1}} =$ ______ c) $\frac{2^{-6}}{7^{-5}} =$ ______

d) $8^9 : 3^{-2} =$ ______ e) $2^9 \cdot \frac{1}{4^{-3}} =$ ______ f) $6^{-1} : 7^{-5} =$ ______

6 Schreibe als Potenz mit negativem Exponenten.

a) $\frac{1}{36} = \frac{1}{6^2} =$ ______ b) $\frac{1}{125} =$ ______ c) $\frac{1}{32} =$ ______

d) $\frac{1}{49} =$ ______ e) $\frac{1}{144} =$ ______ f) $\frac{1}{27} =$ ______

7 Berechne.

a) $5 \cdot (-2)^3$
= ______ = ______

b) $-4 + \left(\frac{1}{2}\right)^{-4}$
= ______

c) $4 - 3^3$
= ______

d) $6 : 3^{-2}$
= ______

e) $50 + 250 : 5^3$
= ______

f) $18 \cdot 6^{-1} + 2$
= ______

Zur Erinnerung:
1. Potenzieren
2. Punktrechnung
3. Strichrechnung

Potenzen mit gleicher Basis

1 Erkläre einem Mitschüler, der das Potenzgesetz nicht versteht, warum es gilt.

a) Potenzen mit gleicher Basis werden multipliziert, indem die Exponenten addiert werden.

Beispiel: $x^3 \cdot x^4 = (x \cdot x \cdot x) \cdot ($ ____________ $) = x^{\square} = x^{3\,\square}$

b) Potenzen mit gleicher Basis werden dividiert, indem die Exponenten

____________ werden.

Beispiel: $y^{\square} : y^{\square} =$ ____________

2 Vereinfache.

a) $a^5 \cdot a^4 =$ ______ b) $b^9 : b^3 =$ ______ c) $c^7 \cdot c^{-2} =$ ______ d) $d^{-4} \cdot d^{-1} =$ ______

e) $r^{-3} : r^{-2} =$ ______ f) $s^8 : s^{-3} =$ ______ g) $t^{-4} \cdot t^8 =$ ______ h) $u^{-5} : u =$ ______

3 Korrigiere die notierte Regel und ergänze das Beispiel.

Potenzen werden potenziert, indem man die Exponenten addiert.

____

____

$(z^3)^2 = (z^3) \cdot ($ ______ $)$

$= (z \cdot$ ______ $) \cdot ($ ______ $)$

$= z^{\square} = z^{3\,\square}$

4 Notiere drei verschiedene Potenzen, die wertgleich mit der vereinfachten Potenz sind.

	Wertgleiche Potenzen			Vereinfachung
a)	$(2^4)^4$	$(2^2)^8$		2^{16}
b)				x^{-12}
c)				3^{-4}
d)				y^{6m}
e)				z^{2n}

5 Streiche falsche Umformungen durch.

	Pauls Lösung	Maries Lösung
a)	$(3a)^5 = 3a^5$	$(3a)^5 = 3^5 \cdot a^5$
b)	$(b^2)^3 = (b^3)^2$	$b^{2^3} = b^{3^2}$
c)	$c^4 \cdot c^{-2} = c^2$	$c^{-2} \cdot c^4 = c^2$
d)	$d^3 : d^{-1} = d^2$	$d^3 : d^{-1} = d^4$
e)	$a^x \cdot a^x = a^{2x}$	$a^x \cdot a^x = (a^2)^x$
f)	$3f^2 2g^3 = 6(fg)^5$	$3f^2 2g^3 = 6f^2g^3$
g)	$g^{n+3} : g^{n-1} = g^4$	$g^{n+3} : g^{n-1} = g^2$

____________ hat mehr richtige Umformungen.

6 Vereinfache den Term so weit wie möglich.

a) $\frac{1}{2}z^6 \cdot 6z^{-3} =$ ____________

b) $5w^8 : w^3 =$ ____________

c) $2{,}4c^2 : 0{,}8c^2 =$ ____________

d) $7a^{n+2} \cdot a^{-n} =$ ____________

e) $\frac{b^{m-1}}{b^{1+m}} =$ ____________

f) $x^{k-2} \cdot x^2 =$ ____________

7 Finde den Fehler und korrigiere die Rechnung.

a) $\frac{u^3 \cdot 8v^7}{4u \cdot v^6} = \frac{8}{4} \cdot \frac{u^3 \cdot v^7}{u \cdot v^6} = 4u^{3-1}v^{7-6} = 4u^2v$

____

b) $\frac{8a^7b}{2a^5b^3} = \frac{8}{2} \cdot \frac{a^7b}{a^5b^3} = 4 \cdot a^{7-5} \cdot b^{-3} = 4a^2b^{-3}$

____

c) $\frac{7x^4 \cdot (-3y^{-2})}{3x^3 \cdot 14y} = \frac{7 \cdot 3}{3 \cdot 14} \cdot \frac{x^4}{x^3} \cdot \frac{y^{-2}}{y} = \frac{1}{2} \cdot x \cdot y^{-2-1} = \frac{1}{2}xy^{-3}$

____

Potenzen mit gleichen Exponenten

1 Ergänze die Aussagen und die Beweise zu den Potenzgesetzen für die Multiplikation und Division von Potenzen mit gleichen Exponenten.
Für beliebige Basen a und b (≠ 0) und einen natürlichen Exponenten n gilt:

a) $a^n \cdot b^n = \square$ Beweis: $a^n \cdot b^n = \underbrace{a \cdot \ldots \cdot a}_{\square\text{-mal}} \cdot \underbrace{b \cdot \ldots \cdot b}_{\square\text{-mal}} = \underbrace{(\square) \cdot \ldots \cdot (\square)}_{\square\text{-mal}} = (a \cdot b)^n$

b) $a^n : b^n = \frac{a^n}{b^n} = \frac{\square}{\square}$ Beweis: $\frac{a^n}{b^n} = \frac{\overbrace{a \cdot \ldots \cdot a}^{\square}}{\underbrace{b \cdot \ldots \cdot b}_{\square}} = \underbrace{\frac{a}{b} \cdot \ldots \cdot \frac{a}{b}}_{\square} = \frac{\square}{\square}$

2 Berechne im Kopf.

a) $21^4 : 7^4 = 3^4 =$ ______

b) $20^3 \cdot \left(\frac{1}{4}\right)^3 =$ ______

c) $(-0{,}3)^{-3} \cdot 10^{-3} =$ ______

d) $8^{-5} : 16^{-5} =$ ______

e) $\left(\frac{1}{3}\right)^6 \cdot (-6)^6 =$ ______

f) $(-18)^4 : 6^4 =$ ______

3 Ergänze die fehlende Zahl oder Variable.

a) $\left(\frac{2}{3}\right)^n \cdot 3^n = 2^{\square}$

b) $6{,}5^m : 5^m = \square^m$

c) $\left(\frac{1}{8}\right)^x \cdot \square^x = \left(\frac{1}{2}\right)^x$

d) $(-8)^p : 4^p = \square^p$

e) $20^{3k} : 10^{3k} = 2^{\square}$

f) $\left(\frac{3}{4}\right)^w \cdot \square^w = \left(\frac{3}{5}\right)^w$

g) $\left(\frac{5}{8}\right)^q : \square^q = \left(\frac{1}{3}\right)^q$

h) $\square^z \cdot 3^{-z} = 4^z$

4 Markiere falsche Umformungen mit „f" und verbessere.

a) $7^{2k} \cdot 2^{2k} = 14^{2k}$ ______

b) $3^{x+2} : \left(\frac{1}{3}\right)^{x+2} = 1^{x+2}$ ______

c) $(6a)^z : (2a)^z = (3a)^z$ ______

d) $(5b)^{3y} \cdot b^{3y} = (5b^2)^{3y}$ ______

e) $30^{-m} : 3^m = 10^{-m}$ ______

f) $(4x)^{n-1} \cdot x^{1-n} = (4x^2)^{n-1}$ ______

5 a) Bei Filippo bekommt man eine Maxi-Pizza für 7,80 €. Für den Straßenverkauf will Filippo Mini-Pizzen mit dem halben Durchmesser herstellen. Wie teuer müsste eine solche Pizza sein, damit man genauso viel für sein Geld bekommt? [T1–T3]

Die Mini-Pizza müsste ______ € kosten.

Dies ist ein ______ des Preises einer Maxi-Pizza.

b) Filippo will seine Pizza für 2 € verkaufen. Hältst du das für eine sinnvolle Entscheidung?

______

______

______

[T1] Die Größe der Pizza ist die einer Kreisfläche, also abhängig vom Radius. Es gilt A = …

[T2] Stelle eine Formel für die Kreisfläche der Mini-Pizza mit dem halben Radius auf. Klammern setzen!

[T3] Durch welchen Faktor unterscheiden sich die beiden Flächen? Beachte die Klammern.

Wurzeln

1 Gegeben sind die Rauminhalte mehrerer Würfel. Welche dieser Würfel haben eine Kantenlänge x, die als Dezimalbruch nicht exakt anzugeben ist?

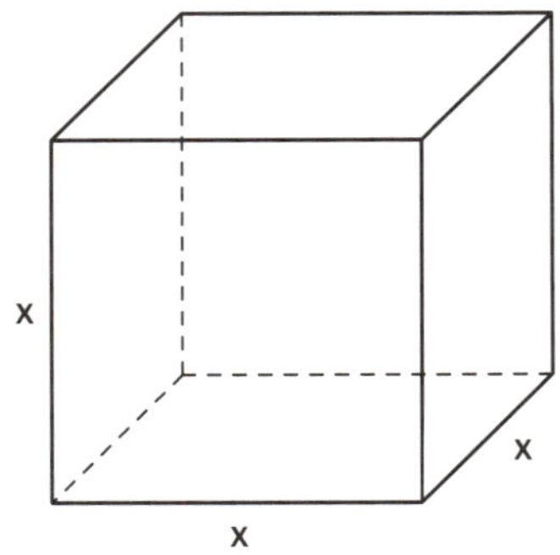

a) $V = 125\,m^3$ $125 = 5 \cdot 5 \cdot 5 = 5^3;\ x = \sqrt[3]{125} =$ ______ m

b) $V = 0{,}027\,dm^3$ ______

c) $V = 100\,ml$ ______

d) $V = 3375\,mm^3$ ______

Würfel mit irrationaler Kantenlänge x: ______

2 Schätze den Näherungswert für die Kubikwurzel wie im Beispiel. Berechne anschließend zur Probe mit dem Taschenrechner den Wert und runde auf zwei Stellen nach dem Komma.

Beispiel: $\sqrt[3]{23}$	a) $\sqrt[3]{90}$	b) $\sqrt[3]{270}$	c) $\sqrt[3]{444}$
$\sqrt[3]{8} < \sqrt[3]{23} < \sqrt[3]{27}$	___ $< \sqrt[3]{90} <$ ___	___ < ___ < ___	___ < ___ < ___
$\sqrt[3]{2^3} < \sqrt[3]{23} < \sqrt[3]{3^3}$	___ $< \sqrt[3]{90} <$ ___	___ < ___ < ___	___ < ___ < ___
$2 < \sqrt[3]{23} < 3$	___ $< \sqrt[3]{90} <$ ___	___ < ___ < ___	___ < ___ < ___

3 Fülle die Tabelle aus.

a)

x	5				4	
x^3	125	216		1		343
$\sqrt[3]{x}$	1,71		2			

b)

x	5				1024	
x^5	3125	32	1,61051	1		343
$\sqrt[5]{x}$	1,37973					

4 Bei n-ten Wurzeln kann man analog zu den Quadratwurzeln teilweise Wurzelziehen.

Beispiel: $\sqrt[3]{16} = \sqrt[3]{2^4} = \sqrt[3]{2 \cdot 2^3} = \sqrt[3]{2^3} \cdot \sqrt[3]{2} = 2 \cdot \sqrt[3]{2}$

a) $\sqrt[3]{1296} =$ ______

b) $\sqrt[3]{100\,000} =$ ______

c) $\sqrt[3]{0{,}0625} =$ ______

d) $\sqrt[3]{27x^5} =$ ______

e) $\sqrt[4]{4802} =$ ______

f) $\sqrt[7]{256} =$ ______

g) $\sqrt[11]{6144} =$ ______

5 a) Für das Kantenmodell eines Würfels, der ein Volumen von 7 l hat, werden ______ m Draht benötigt.

b) Wie groß ist die Kantenlänge für einen Würfel mit 35 l Volumen? ______

c) Mit welcher Zahl muss die Kantenlänge des 7-l-Würfels multipliziert werden, damit man die Grundseite eines 35-l-Würfels erhält? ______

6 Erno Rubik erfand den Zauberwürfel Rubik's Cube vor über 30 Jahren. Seitdem sind weit über hundert Millionen dieser Würfel in allen Größen verkauft worden.

Es gibt etwa $4{,}3 \cdot 10^{19}$ verschiedene Stellungen der ______ Würfelteile.
Der Originalwürfel hat ein Volumen von $190{,}11\,cm^3$. Die Teilwürfel besitzen eine Kantenlänge von ______ .

Potenzen mit rationalen Exponenten

1 Lea und Tim haben die Festlegung (Definition) $a^{\frac{1}{n}} = \sqrt[n]{a}$ kennengelernt.

$a^{\frac{1}{n}} = \sqrt[n]{a}$

Sie überlegen, wie $10^{\frac{3}{4}}$ sinnvoll gedeutet werden kann.

Lea:

$10^{\frac{3}{4}} \overset{A}{=} (10^3)^{\frac{1}{4}} \overset{B}{=} \sqrt[4]{10^3}$

Tim:

$10^{\frac{3}{4}} = 10^{\frac{1}{4}+\frac{1}{4}+\frac{1}{4}} \overset{C}{=} 10^{\frac{1}{4}} \cdot 10^{\frac{1}{4}} \cdot 10^{\frac{1}{4}} \overset{D}{=} \sqrt[4]{10} \cdot \sqrt[4]{10} \cdot \sqrt[4]{10} \overset{E}{=} (\sqrt[4]{10})^3$

a) Welche Gesetze (P1 bis P5) oder Definitionen (D1 und D2) haben Lea bzw. Tim verwendet? Notiere zu den Buchstaben am Gleichheitszeichen die entsprechende Abkürzung.

A: ______ B: ______ C: ______ D: ______ E: ______

D1 | $\underbrace{a \cdot a \cdot \ldots \cdot a}_{n \text{ Faktoren}} = a^n$

P1 | $a^p \cdot a^q = a^{p+q}$

P4 | $a^p : a^q = a^{p-q}$

D2 | $a^{\frac{1}{n}} = \sqrt[n]{a}$

P3 | $a^p : b^p = \frac{a^p}{b^p} = \left(\frac{a}{b}\right)^p$

P2 | $a^p \cdot b^p = (ab)^p$

P5 | $(a^p)^q = a^{pq}$

b) Ändere Leas Weg ein wenig, sodass auch sie $(\sqrt[4]{10})^3$ erhält. $10^{\frac{3}{4}} =$ ______

2 Markiere Kärtchen mit gleichem Wert.

$3^{\frac{2}{3}}$ $\sqrt[3]{2^2}$ $\sqrt[3]{3}$ $\sqrt{3^3}$ $3^{\frac{3}{2}}$ $\sqrt[3]{3^2}$ $(\sqrt{3})^3$ $2^{\frac{2}{3}}$ $3^{\frac{1}{3}}$ $(\sqrt[3]{3})^2$ $(\sqrt[3]{2})^2$

3 Welche Taschenrechnereingaben sind richtig? Streiche falsche durch.
(Beachte: Je nach Fabrikat können die Tastenfolgen etwas variieren; siehe Bedienungsanleitung, z. B. für n-te Wurzel aus …)

a)	[6] [^] [1] [/] [3]	$6^{\frac{1}{3}}$	[6] [^] [(] [1] [/] [3] [)]
b)	[5] [MATH] [5] [(] [2] [^] [3] [)]	$\sqrt[5]{2^3}$	[5] [MATH] [5] [2] [^] [3]
c)	[3] [/] [5] [^] [(] [3] [/] [2] [)]	$\left(\frac{3}{5}\right)^{\frac{3}{2}}$	[(] [3] [/] [5] [)] [^] [3] [/] [2]
d)	[0] [.] [4] [^] [(-)] [(] [2] [/] [7] [)]	$0{,}4^{-\frac{2}{7}}$	[0] [.] [4] [^] [(] [(-)] [2] [/] [7] [)]
e)	[(] [(-)] [7] [)] [^] [(] [1] [/] [4] [)]	$-7^{\frac{1}{4}}$	[(-)] [7] [^] [(] [1] [/] [4] [)]

4 Vereinfache. Gib das Ergebnis ohne rationalen Exponenten an (Tipp: Wurzelschreibweise).

a) $6^{\frac{2}{3}} \cdot 6^{\frac{4}{3}} =$ ______ b) $\left(81^{-\frac{6}{7}}\right)^{\frac{7}{12}} =$ ______ c) $7^{-1{,}3} \cdot 7^{0{,}3} =$ ______

d) $45^{\frac{3}{5}} : 3^{\frac{3}{5}} =$ ______ e) $\left(a^{\frac{1}{6}}\right)^{-\frac{3}{4}} =$ ______ f) $b^{-\frac{5}{6}} : b^{\frac{1}{3}} =$ ______

5 Schreibe ohne Wurzeln und vereinfache dann.

a) $\sqrt[3]{4} \cdot \sqrt[3]{2} =$ ______

b) $\sqrt[3]{3} : \sqrt{3} =$ ______

c) $\sqrt[10]{x^3} : \sqrt[5]{x} =$ ______

d) $\sqrt[4]{y} \cdot \sqrt[3]{y^2} =$ ______

6 Ordne die Kärtchen den Lücken zu.

a) ______ : 3 = ______

b) ______ · 4 = ______

c) ______ $\cdot\, 4^{\frac{2}{3}} =$ ______

d) ______ · 3 = ______

$\sqrt[3]{3^4}$ $\sqrt[4]{4^3}$ $\sqrt[3]{9}$ $\sqrt[3]{3}$ $\sqrt[3]{12^2}$ $(\sqrt[4]{3})^7$ $\sqrt[4]{3^3}$ $(\sqrt[4]{4})^7$

Fülle die Lücken. Für jeden Buchstaben findest du einen Strich. Löse dann die Beispielaufgaben.

Wissenschaftliche Schreibweise

In dieser Schreibweise wird eine Zahl als Produkt aus

- einer Dezimalzahl mit genau einer _ _ _ _ _ _ ungleich null vor dem _ _ _ _ _ und
- einer _ _ _ _ _ _ _ _ _ _ _ _ dargestellt.

Gib in wissenschaftlicher Schreibweise an.

20 456 = ______ · 10$^{\square}$

0,005 807 = ______

391,02 = ______

0,000 000 61 = ______

Potenzen mit ganzzahligen Exponenten

Potenz: $a^n = \underbrace{a \cdot a \cdot \ldots \cdot a}_{\_\ \text{Faktoren}}$ (a: Basis, n: Exponent)

Für jede Basis a (a ≠ 0) und jeden natürlichen Exponenten n gilt:

$a^{-n} = \frac{1}{a^n}$ und $a^0 = 1$

Berechne.

$8^0 =$ ______

$4^3 =$ ______

$3^{-2} = \frac{1}{\square} = \frac{\square}{\square}$

$(-5)^{-3} = \frac{1}{\square} = \frac{\square}{\square}$

Wurzeln

Unter der n-ten Wurzel (natürliche Zahl n) aus einer Zahl $a \geqq 0$ versteht man die nicht negative Zahl, die mit n _ _ _ _ _ _ _ _ _ _ a ergibt.

Daher gilt: $\sqrt[n]{a} = a^{\frac{1}{n}}$.

Berechne.

$81^{\frac{1}{4}} =$ ______ = ______

$64^{\frac{1}{3}} =$ ______ = ______

Potenzen mit rationalen Exponenten

Für eine positive Zahl a, eine ganze Zahl m und eine _ _ _ _ _ _ _ _ _ _ Zahl n gilt: $a^{\frac{m}{n}} = \sqrt[n]{a^m} = (\sqrt[n]{a})^m$

Berechne.

$27^{\frac{4}{3}} = (\ \_\_\_\_\ )^4 =$ ______ = ______

$16^{-\frac{3}{4}} = \frac{1}{\square} = \frac{\square}{\square} = \frac{\square}{\square} = \frac{\square}{\square}$

Potenzgesetze

Für positive Zahlen a und b und rationale Zahlen p und q gilt:

- Potenzen mit gleicher Basis werden multipliziert bzw. dividiert, indem die Exponenten _ _ _ _ _ _ _ bzw. _ _ _ _ _ _ _ _ _ _ _ werden. Die _ _ _ _ _ bleibt erhalten.

  $a^p \cdot a^q = a^{p+q}$ $\quad$ $a^p : a^q = \frac{a^p}{a^q} = a^{p-q}$

- Potenzen mit gleichem Exponenten werden multipliziert bzw. dividiert, indem die Basen _ _ _ _ _ _ _ _ _ _ _ _ _ bzw. _ _ _ _ _ _ _ _ _ werden. Der Exponent bleibt erhalten.

  $a^p \cdot b^p = (a \cdot b)^p$ $\quad$ $a^p : b^p = \frac{a^p}{b^p} = \left(\frac{a}{b}\right)^p$

- Potenzen werden potenziert, indem die Exponenten _ _ _ _ _ _ _ _ _ _ _ _ _ werden. $(a^m)^n = a^{m \cdot n} = a^{mn}$

Fasse zusammen.

$a^5 \cdot a^3 =$ ______

$b^{\frac{4}{7}} \cdot b^{-\frac{1}{7}} =$ ______

$c^4 : c^2 =$ ______

$d^{-2} : d^2 =$ ______

$3^{\frac{2}{5}} \cdot 5^{\frac{2}{5}} =$ ______

$12^4 \cdot \left(\frac{1}{3}\right)^4 =$ ______

$10^p : 2^p =$ ______

$(x^4)^2 =$ ______

$\left(y^{\frac{1}{4}}\right)^{\frac{2}{3}} =$ ______

Lambacher Schweizer 9

Mathematik für Gymnasien

Hessen

Lösungen zum Arbeitsheft

Basiswissen | Rechnen mit Brüchen und Dezimalbrüchen, Seite 3

1

a) 2,03 b) 4,259 c) $\frac{5}{3}$ d) $\frac{1}{6}$

e) $\frac{13}{21}$ f) $\frac{15}{8} = 1\frac{7}{8}$ g) $1\frac{4}{15}$ h) $\frac{13}{12} = 1\frac{1}{12}$

i) $\frac{16}{9} = 1\frac{7}{9}$ j) $3\frac{1}{18}$ k) 22 l) $\frac{9}{4} = 2\frac{1}{4}$

2

In die Hinweiszettel auf dem rechten Rand werden folgende Begriffe eingesetzt:

zuerst; Strichrechnung.

a) 6 b) 1,1 c) 1 d) −3,7

e) 37 f) 12

3

a) $\frac{5}{9} + \frac{8}{9} = \frac{13}{9} = 1\frac{4}{9}$ b) $\frac{1}{2} \cdot \frac{5}{4} = \frac{5}{8}$ c) $\frac{3}{2} - \frac{1}{2} = 1$

d) $\frac{7}{6} : \frac{6}{7} = \frac{49}{36}$ e) $\frac{1}{6} + \frac{5}{6} = 1$ f) $\frac{11}{15} \cdot \frac{3}{11} = \frac{1}{5}$

g) $\frac{2}{3} + \frac{8}{15} = \frac{6}{5} = 1\frac{1}{5}$ h) $\frac{28}{5} - \frac{7}{5} = \frac{21}{5} = 4\frac{1}{5}$ i) $7 : \frac{5}{6} = \frac{42}{5} = 8\frac{2}{5}$

4

a) $\left(\frac{2}{3} + \frac{7}{8}\right) \cdot 2 = 3\frac{1}{12}$

b) Multipliziere $\frac{1}{2}$ mit der Differenz aus $\frac{4}{5}$ und $\frac{1}{3}$. Ergebnis: $\frac{7}{30}$

c) $\left(\frac{4}{6} - \frac{1}{3}\right) - \left(\frac{1}{5} + \frac{1}{10}\right) = \frac{1}{30}$

d) Multipliziere den Quotienten von $\frac{49}{24}$ und $\frac{14}{36}$ mit dem Produkt von $\frac{2}{3}$ und $\frac{2}{7}$. Ergebnis: 1

5

a) $560 \cdot \frac{3}{7} = 240$ Mädchen

b) Bus: $560 \cdot \frac{2}{3} = 373\frac{1}{3} \approx 373$; Rad: $560 \cdot \frac{1}{8} = 70$;

zu Fuß: $560 - 373 - 70 = 117$

c) $45 \cdot 0{,}15 = 6{,}75 \approx 7$ Fachräume

Basiswissen | Reelle Zahlen, Seite 4

1

Nacheinander müssen in die Lücken eingesetzt werden:

ganzen; rationale; $\sqrt{2}$; $-\sqrt{2}$; irrationale; reelle.

2

natürliche Zahlen: 2; ganze Zahlen: −2;

rationale Zahlen: −1,414; $\frac{1}{2}$; −0,6;

irrationale Zahlen: $\sqrt{2}$

3

a) 11n b) 0,5r c) 3,2i d) 0,8r

e) $\frac{2}{3}$r f) 70n g) 2n h) 1,6r

i) 0,25r j) 1,4r k) 7n l) 42n

4

b) $\sqrt{16 \cdot 2} = 4 \cdot \sqrt{2}$ c) $\sqrt{4 \cdot 13} = 2 \cdot \sqrt{13}$

d) $\sqrt{9 \cdot 0{,}15} = 3 \cdot \sqrt{0{,}15}$ e) $\sqrt{\frac{25}{4} \cdot \frac{2}{3}} = \frac{5}{2} \cdot \sqrt{\frac{2}{3}}$

f) $\sqrt{\frac{6}{2} \cdot \frac{4}{49}} = \frac{2}{7} \cdot \sqrt{3}$

5

a) $8 + \sqrt{256} = 8 + 16 = 24$ b) $\sqrt{5} \cdot (5 - 3) = 2 \cdot \sqrt{5}$

c) $5 \cdot (\sqrt{25} - \sqrt{9}) = 5 \cdot (5 - 3) = 10$

d) $\sqrt{11} \cdot (4 + 2) = 6 \cdot \sqrt{11}$ e) $(\sqrt{9} + \sqrt{16}) \cdot 6 = (3 + 4) \cdot 6 = 42$

f) $\sqrt{7} \cdot (3 - 7) = (-4) \cdot \sqrt{7}$

6

a) $x^2 + 144 = 169 \quad |-144$

$x^2 = 25$

$x = 5; \quad x = -5$

b) $3x^2 = 24 \quad |:3$

$x^2 = 8$

$x = \sqrt{8}; \quad x = -\sqrt{8}$

c) $0{,}5 \cdot x^2 - 1{,}5 = 3 \quad |+1{,}5$

$0{,}5x^2 = 4{,}5 \quad |:0{,}5$

$x^2 = 9$

$x = 3; \quad x = -3$

Basiswissen | Flächeninhalt und Volumen, Seite 5

1

a) $23{,}5\,\text{ha} = 2350\,\text{a} = 235\,000\,\text{m}^2$

b) $0{,}004\,\text{m}^2 = 0{,}4\,\text{dm}^2 = 40\,\text{cm}^2$

c) $12\,\text{km}^2 = 1200\,\text{ha} = 120\,000\,\text{a}$

d) $9{,}23\,\text{dm}^2 = 923\,\text{cm}^2 = 92\,300\,\text{mm}^2$

e) $14{,}2\,\text{a} = 1420\,\text{m}^2 = 142\,000\,\text{dm}^2$

2

a) $0{,}000\,002\,59\,\text{km}^3 = 2590\,\text{m}^3 = 2\,590\,000\,\text{dm}^3$

b) 1,2 l = 120 cl = 1200 ml

c) $1203\,\text{l} = 1203\,\text{dm}^3 = 1\,203\,000\,\text{ml}$

d) $0{,}0002\,\text{dm}^3 = 0{,}2\,\text{cm}^3 = 200\,\text{mm}^3$

e) $0{,}75\,\text{l} = 750\,\text{cm}^3 = 750\,000\,\text{mm}^3$

3

a) $V = 50\,\text{m} \cdot 20\,\text{m} \cdot 1{,}8\,\text{m} = 1800\,\text{m}^3 = 1\,800\,000\,\text{dm}^3 = 1\,800\,000\,\text{l}$

Dauer: 1 800 000 l : 20 l/s = 90 000 s = 1500 min = 25 h = 1 Tag 1 Stunde

b) $V = 50\,\text{m} \cdot 20\,\text{m} \cdot 0{,}7\,\text{m} = 700\,\text{m}^3 = 700\,000\,\text{dm}^3 = 700\,000\,\text{l}$

Dauer: 700 000 l : 20 l/s = 35 000 s = 583,33 min ≈ 9,7 h

4

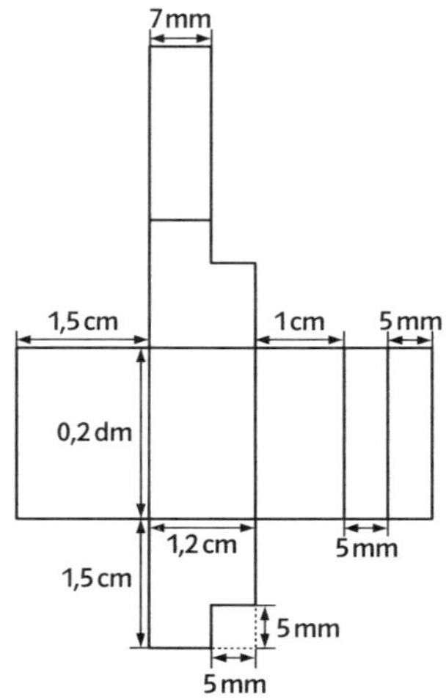

$G = 1{,}2\,cm \cdot 1\,cm + 0{,}7\,cm \cdot 0{,}5\,cm = 1{,}55\,cm^2$
$V = 1{,}55\,cm^2 \cdot 2\,cm = 3{,}1\,cm^3$
$U = 1{,}5\,cm + 1{,}2\,cm + 1\,cm + 0{,}5\,cm + 0{,}5\,cm + 0{,}7\,cm = 5{,}4\,cm$
$O = 2 \cdot 1{,}55\,cm^2 + 5{,}4\,cm \cdot 2\,cm = 13{,}9\,cm^2$

5

a) $G = \pi \cdot (3{,}5\,dm)^2 \approx 38{,}48\,dm^2 \approx \pi \cdot (35\,cm)^2 \approx 3848{,}45\,cm^2$
$M = 2 \cdot \pi \cdot 3{,}5\,dm \cdot 1{,}7\,dm \approx 37{,}38\,dm^2 \approx 2 \cdot \pi \cdot 35\,cm \cdot 17\,cm$
$\approx 3738{,}50\,cm^2$
$O = 2 \cdot 38{,}48\,dm^2 + 37{,}38\,dm^2 = 114{,}34\,dm^2$
$= 2 \cdot 3848{,}45\,cm^2 + 3738{,}5\,cm^2 = 11\,435{,}4\,cm^2$
b) Aussagen 1, 3 und 4 sind richtig.

Basiswissen | Terme und Gleichungen, Seite 6

1

a)

Term	$x^2 - 2yx + y^2$	$x^2 + 2yx + y^2$	$(2x - 3y)(2x + 3y)$
Wert des Terms	9	121	−377

b) $(2x)^2 - (3y)^2 = 8^2 - 21^2 = -377$

2

a) $9a^2 - 24ab + 16b^2$
b) $4x^2 + 16xy + 16y^2$
c) $u^2 - 4uv^2 + 4v^4$
d) $4x^2 - 9y^2$
e) $4a^2 + 10ab + 6{,}25b^2$

3

a) $16x^2 + 24xy + 9y^2 = (4x + 3y)^2$
b) $u^2 - 6u + 9 = (u - 3)^2$
c) $25x^2 + 70x + 49 = (5x + 7)^2$
d) $169x^2 - 256 = (13x - 16)(13x + 16)$
e) $144x^2 - 264x + 121 = (12x - 11)^2$

4

a) $3(2x - 5) = 12(2x - 3) - 15$
$6x - 15 = 24x - 36 - 15 \quad | -6x$
$-15 = 18x - 51 \quad | +51$
$36 = 18x \quad | : 18$
$x = 2$

b) $(x - 3)(x - 2) = (x + 2)^2$
$x^2 - 5x + 6 = x^2 + 4x + 4 \quad | -x^2 - 4$
$-5x + 2 = 4x \quad | +5x$
$2 = 9x \quad | : 9$
$x = \frac{2}{9}$

c) $x^2 + 4x - 3x^2 = 5x^2 + 3x - 4x^2$
$-2x^2 + 4x = x^2 + 3x \quad | -x^2 - 3x$
$-3x^2 + x = 0$
$x(-3x + 1) = 0$
$x_1 = 0$ und $x_2 = \frac{1}{3}$

5

$g_{alt} = h_{alt} - 3\,cm \qquad g_{neu} = h_{alt} - 1\,cm$
$h_{alt} = h \qquad h_{neu} = h_{alt} - 3\,cm$
$A_{alt} = \frac{1}{2} g_{alt} \cdot h = \frac{1}{2}(h - 3\,cm) \cdot h$
$A_{neu} = \frac{1}{2}(h - 1\,cm)(h - 3\,cm) = A_{alt} - 5\,cm^2$
$\frac{1}{2}(h - 3) \cdot h = \frac{1}{2}(h - 1)(h - 3) + 5 \quad | : \frac{1}{2}$
$(h - 3) \cdot h = (h - 1)(h - 3) + 10$
$h^2 - 3h = h^2 - h - 3h + 3 + 10 \quad | -h^2 + 4h$
$h = 13\,cm; \qquad g = h - 3\,cm$
Somit waren $g_{alt} = 10\,cm$ und $h_{alt} = 13\,cm$.

6

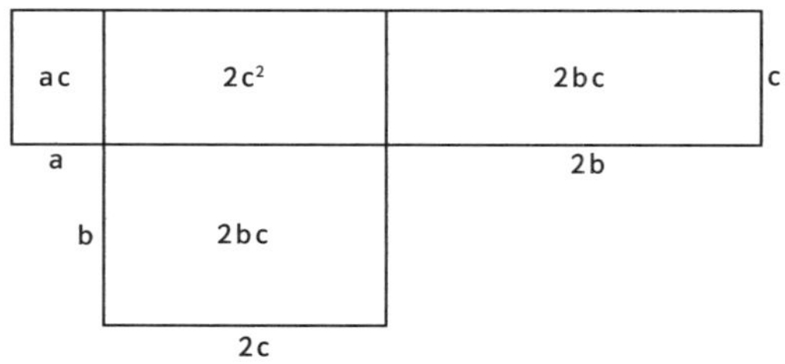

$U = 2c + 2(a + 2c + 2b) + 2b = 2c + 2a + 4c + 4b + 2b$
$= 2a + 6b + 6c$
$A = c \cdot (a + 2b + 2c) + b \cdot 2c = ac + 2bc + 2c^2 + 2bc$
$= ac + 4bc + 2c^2$

Basiswissen | Lineare Funktionen, Seite 7

1

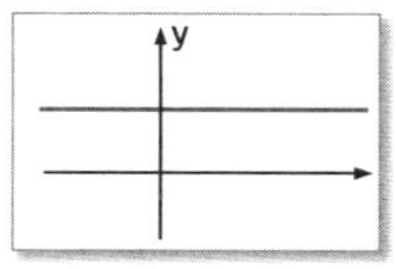

Steigung $m = 0$

$y = b$

Die Gerade verläuft parallel zur x-Achse.

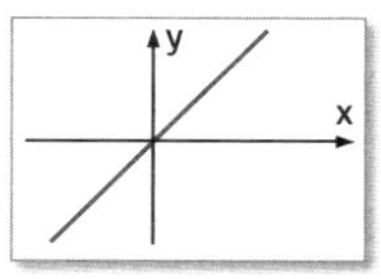

y-Achsenabschnitt $b = 0$

$y = mx$

Die Gerade verläuft durch den Ursprung.

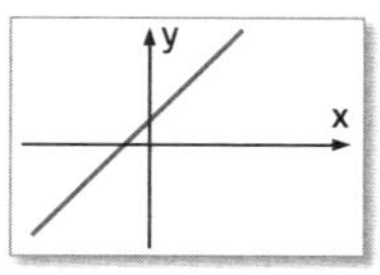

Die Gerade hat die Steigung m und schneidet die y-Achse im Punkt (0 | b).

$y = mx + b$

2

A: $m = 2$; $y = 2x$ B: $m = \frac{1}{2}$; $y = \frac{1}{2}x$
C: $m = -3$; $y = -3x$

3

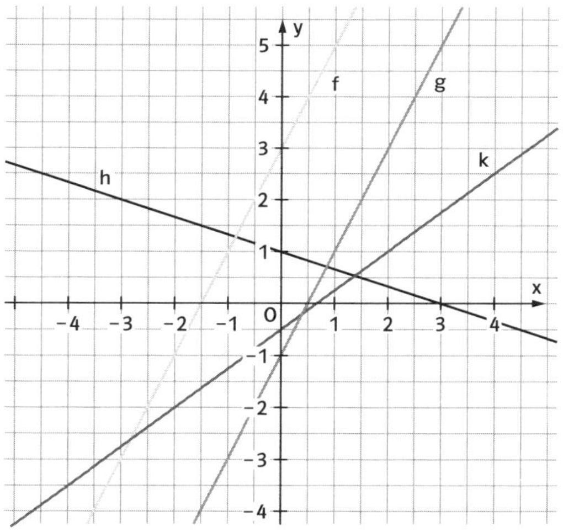

4

a) 30 cm	b) 1 cm	c) B
d) D	e) nach 16 h	f) 15 h

Basiswissen | Lineare Gleichungssysteme, Seite 8

1

I + II: $8x = 42$; $x = 5{,}25$

$y = -0{,}8125$

Probe in Gleichung II: $3 \cdot 5{,}25 - 4 \cdot (-0{,}8125) = 19$; $19 = 19$

2

I + II: $4y + 120 + 5y = 39$; $y = -9$

$x = 7$

Probe in Gleichung II: $12 \cdot 7 = 4 \cdot (-9) + 120$; $84 = 84$

3

I + II: $4x - 6 = 2x - 10$; $x = -2$

$y = -7$

Probe in Gleichung II: $2 \cdot (-7) = 2 \cdot (-2) - 10$; $-14 = -14$

4

Beispiele für Lösungen:

a) I: $y = 3x - 2$ b) II: $y = -4x + 3$ c) II: $1{,}5y = 2x + 3$

5

a) EV; II: $y = 4x - 5$ b) GV; II: $y = -4x + 3$

c) EV; II: $y = 3x - 1{,}5$ d) EV; II: $x = -y + 1{,}5$

6

Zu A gehört I + II: $19y = 152$ und die Lösung $(-6 \mid 8)$.

Zu B gehört I + II: $65x = 325$ und die Lösung $(5 \mid 8)$.

Zu C gehört I + II: $x = 1$ und die Lösung $(1 \mid 7)$.

Zu D gehört I + II: $-18y = 36$ und die Lösung $(7 \mid -2)$

Basiswissen | Inkreis. Umkreis. Satz des Pythagoras, Seite 9

1

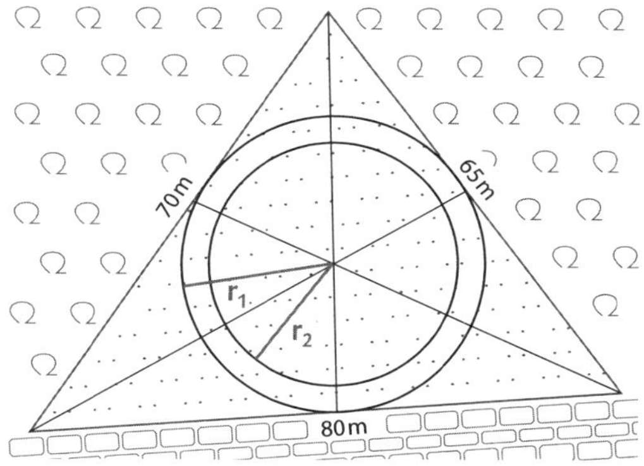

$r_1 \approx 20$ m $r_2 \approx 15$ m

2

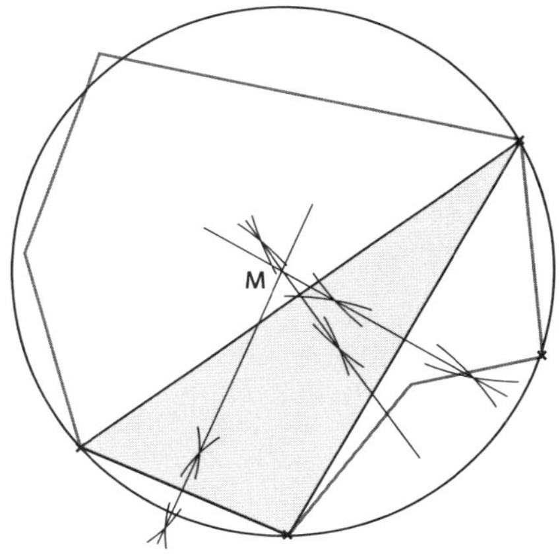

Es gibt 4 Berührungspunkte.

3

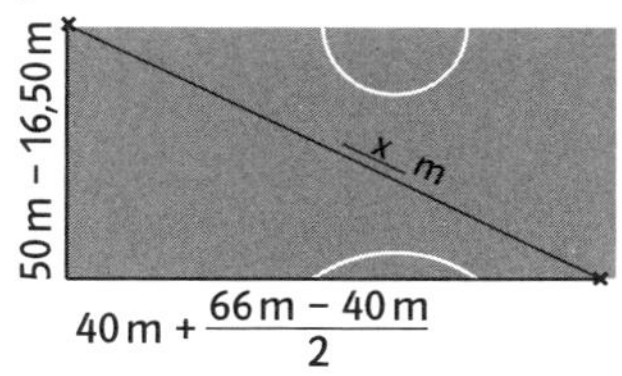

Er muss 62,7 m weit schießen.

4

gleichseitiges Dreieck

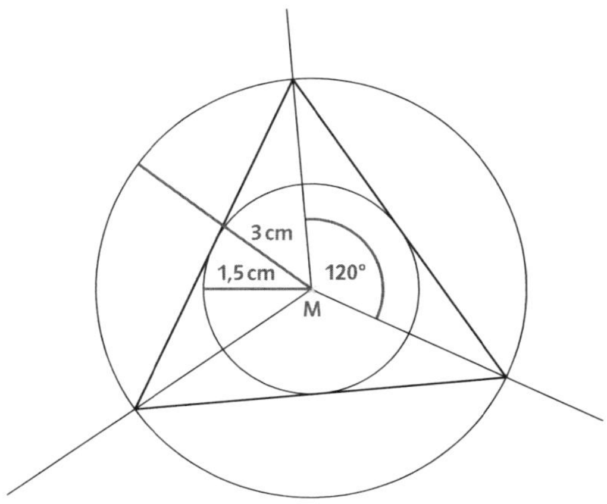

5
Bestimmung mithilfe des Kathetensatzes: $b^2 = q \cdot c$ möglich
$c = b^2 : q = (100\,m)^2 : 80\,m = 10\,000\,m^2 : 80\,m = 125\,m$
A und B sind 125 m voneinander entfernt.

6
b) und c) sind Rechtecke.

Rein quadratische Funktionen, Seite 10

1

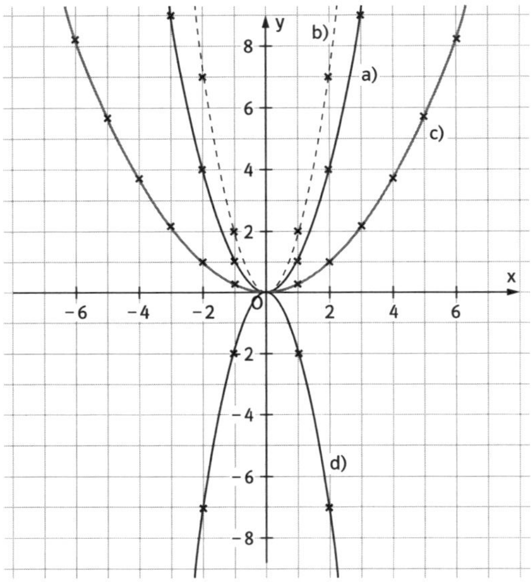

2
Eingesetzt werden nacheinander: doppelt, vier, Scheitelpunkt, unten, Vorzeichen.

3
a) $y = 4x^2$ b) $y = \frac{1}{3}x^2$ c) $y = -\frac{1}{2}x^2$ d) $y = -\frac{3}{2}x^2$

4
$P(-6\,|\,48)$; $Q(4\,|\,21\frac{1}{3})$; $R(0{,}5\,|\,\frac{1}{3})$; $S(9\,|\,108)$; $T(-2{,}5\,|\,8\frac{1}{3})$;
$U(15\,|\,300)$
Bei Q, S und U könnte der x-Wert jeweils auch negativ sein.

5
a) Auf der Parabel liegen die Punkte A, C und D.
b) Auf der Parabel liegen die Punkte A und B.

6
a) $y = -4x^2$ b) $y = 5{,}5x^2$ c) $y = 2x^2$ d) $y = 2{,}5x^2$

Allgemeine quadratische Funktion, Seite 11

1
a) $S(-5\,|\,4)$ $y = (x+5)^2 + 4$
b) $S(0\,|\,-1)$ $y = \frac{1}{4}x^2 - 1$
c) $S(-2\,|\,5)$ $y = -2(x+2)^2 + 5$
d) $S(2\,|\,2)$ $y = 3(x-2)^2 + 2$
e) $S(3\,|\,-1)$ $y = (x-3)^2 - 1$
f) $S(2{,}5\,|\,1{,}5)$ $y = -(x-2{,}5)^2 + 1{,}5$

2
a) verschoben um 3 nach rechts und 5 nach oben; enger
b) verschoben um 6 nach links und 2,5 nach unten; nach unten geöffnet
c) verschoben um 10 nach oben; nach unten geöffnet; enger
d) verschoben um 5 nach unten; breiter
e) verschoben um 6 nach rechts; nach unten geöffnet; breiter
f) verschoben um $\frac{1}{2}$ nach links; breiter

3
a) $y = (x+5)^2 - 3$
b) $y = 4x^2$ $y = 4x^2 + 3{,}5$ $y = 4(x+7)^2 + 3{,}5$
c) um 8 Einheiten nach rechts verschoben $y = -(x-8)^2$
d) $S(-9\,|\,-4)$ unten

4
$S(0\,|\,5)$ gehört zu $y = x^2 + 5$; $y = 5x^2 + 5$; $y = \frac{1}{3}x^2 + 5$

$S(-2{,}5\,|\,0{,}5)$ gehört zu $y = (x+2{,}5)^2 + 0{,}5$; $y = 5(x+2{,}5)^2 + 0{,}5$

$S(5{,}2\,|\,-4)$ gehört zu $y = -2{,}5(x-5{,}2)^2 - 4$

$S(\frac{1}{3}\,|\,0)$ gehört zu $y = \frac{1}{3}(x-\frac{1}{3})^2$; $y = 5{,}2(x-\frac{1}{3})^2$

$S(0\,|\,-\frac{1}{2})$ gehört zu $y = 5x^2 - \frac{1}{2}$; $y = \frac{1}{3}x^2 - \frac{1}{2}$; $y = -x^2 - \frac{1}{2}$

Scheitelform und allgemeine Form, Seite 12

1
b) $x^2 - 18x + 81 = (x-9)^2$ c) $x^2 - 5x + 6{,}25 = (x-2{,}5)^2$
d) $x^2 - \frac{1}{2}x + \frac{1}{16} = \left(x - \frac{1}{4}\right)^2$ e) $x^2 + 8x + 16 = (x+4)^2$
f) $x^2 + \frac{2}{3}x + \frac{1}{9} = \left(x + \frac{1}{3}\right)^2$

2
Beispiel: $S(-5{,}5\,|\,-30{,}25)$
a) $y = x^2 - 4x + 2^2 - 2^2 + 1$; $y = (x-2)^2 - 3$; $S(2\,|\,-3)$
b) $y = x^2 + 10x + 5^2 - 5^2 - 5$; $y = (x+5)^2 - 30$; $S(-5\,|\,-30)$
c) $y = x^2 - 2x + 1^2 - 1^2 + 2$; $y = (x-1)^2 + 1$; $S(1\,|\,1)$

3
a) $y = 5(x^2 - 4x) + 5$
$y = 5(x^2 - 4x + 2^2 - 2^2) + 5$
$y = 5((x-2)^2 - 4) + 5$
$y = 5(x-2)^2 - 20 + 5$
$y = 5(x-2)^2 - 15$
$S(2\,|\,-15)$

b) $y = -3(x^2 + 6x) + 12$
$y = -3(x^2 + 6x + 3^3 - 3^3) + 12$
$y = -3((x+3)^2 - 9) + 12$
$y = -3(x+3)^2 + 27 + 12$
$y = -3(x+3)^2 + 39$
$S(-3\,|\,39)$

4
a) $y = -3(x-3)^2 + 27$ b) 27 m
c) Nullstellen bei $x_1 = 0$ und $x_2 = 6$; die Fontäne sprüht 6 m weit.

Optimierungsaufgaben, Seite 13

1
Es werden nacheinander eingesetzt:
1 b = 7 cm; x
2 schwarzen
3 x; 7 + x; $(12 - x)(7 + x)$ (in cm^2); $84 + 5x - x^2$; größten; $S(2{,}5\,|\,90{,}25)$; 2,5
Nebenrechnung: $A = -x^2 + 5x + 84$; $A = -(x^2 - 5x) + 84$;
$A = -((x-2{,}5)^2 - 6{,}25) + 84$; $A = -(x-2{,}5)^2 + 90{,}25$
4 2,5; 90,25 (cm^2)

2
a) um 2 vergrößerte Zahl: $x + 2$; Produkt $p(x) = x \cdot (x+2)$;
Produkt in Scheitelform: $p(x) = x^2 + 2x = (x+1)^2 - 1$; $S(-1\,|\,-1)$
Für die Zahl −1 wird das Produkt am kleinsten, nämlich −1.
b) Zahl: x; Doppeltes der Zahl: 2x;
um 5 verminderte Zahl: $x - 5$; Produkt $p(x) = 2x \cdot (x-5)$;

Produkt in Scheitelform: $p(x) = 2(x^2 - 5x) = 2((x - 2{,}5)^2 - 2{,}5^2)$
$= 2(x - 2{,}5)^2 - 12{,}5$; $S(2{,}5\,|\,-12{,}5)$
Für die Zahl 2,5 wird das Produkt am kleinsten, nämlich −12,5.

3

Es werden nacheinander eingesetzt:
$54 - x$; $5000 \cdot x$; $5000 \cdot x$; Brote.
Also gilt: $G = (54 - x) \cdot (300\,000 + 5000\,x)$
Bestimmung des Scheitelpunktes: $S(-3\,|\,16\,245\,000)$
Nebenrechnung: $G = -5000\,x^2 - 30\,000\,x + 16\,200\,000$
$G = -5000\,(x^2 + 6x) + 16\,200\,000$
$G = -5000\,((x + 3)^2 - 9) + 16\,200\,000$
$G = -5000\,(x + 3)^2 + 16\,245\,000$
Der maximale Gewinn ergibt sich für $x = -3$ ct und beträgt 16 245 000 ct. Dies ist eine Preiserhöhung um 3 ct, sodass das Brot dann 2,11 € kostet.

Lösen quadratischer Gleichungen (1), Seite 14

1

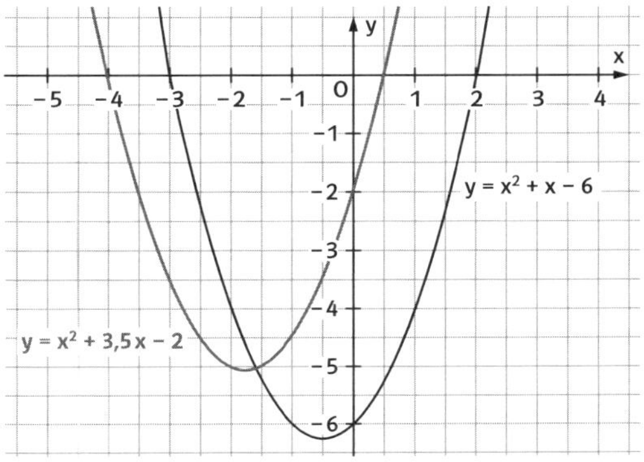

a) $f(x) = (x + 0{,}5)^2 - 6{,}25$; $S(-0{,}5\,|\,-6{,}25)$;
Nullstellen sind: $x_1 \approx -3$; $x_2 \approx 2$
b) $x^2 + 3{,}5x - 2 = 0$; $f(x) = (x + 1{,}75)^2 - 1{,}75^2 - 2$;
$f(x) = (x + 1{,}75)^2 - 5{,}0625$; $S(-1{,}75\,|\,-5{,}0625)$;
Nullstellen sind: $x_1 \approx -4$; $x_2 \approx 0{,}5$

2

a)

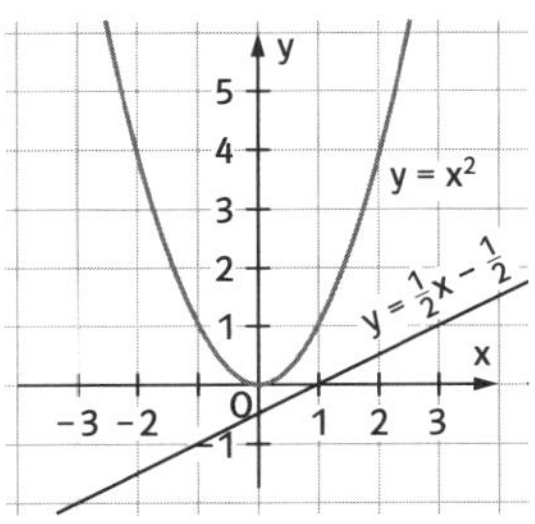

$x^2 = \frac{1}{2}x - \frac{1}{2}$;

$y = x^2$ und $y = \frac{1}{2}x - \frac{1}{2}$;

keine Lösung

b)

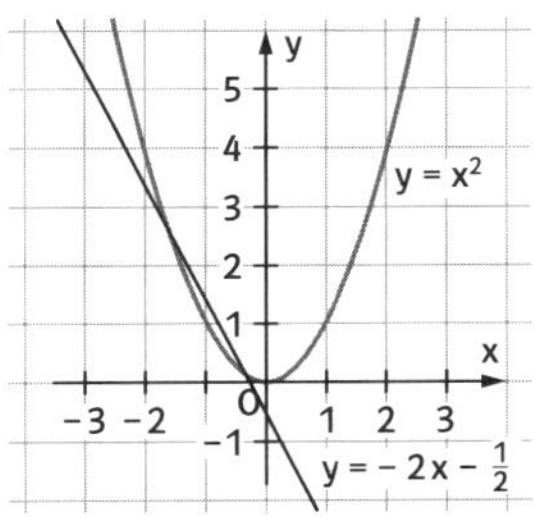

$x^2 = -2x - \frac{1}{2}$;

$y = x^2$ und $y = -2x - \frac{1}{2}$;

$x_1 \approx -1{,}7$; $x_2 \approx -0{,}3$

c)

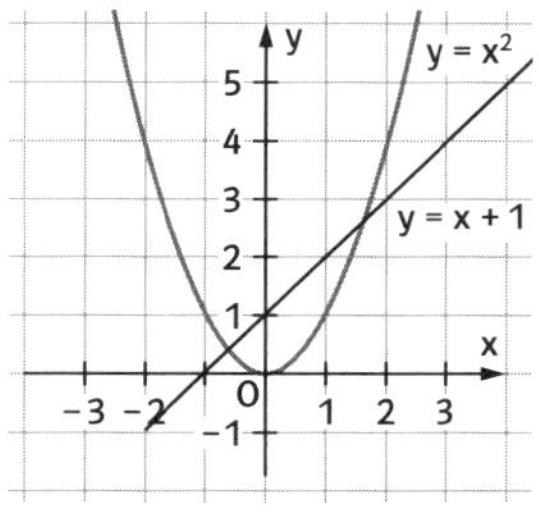

$x^2 = x + 1$;

$y = x^2$ und $y = x + 1$;

$x_1 \approx -0{,}6$; $x_2 \approx 1{,}6$

d)

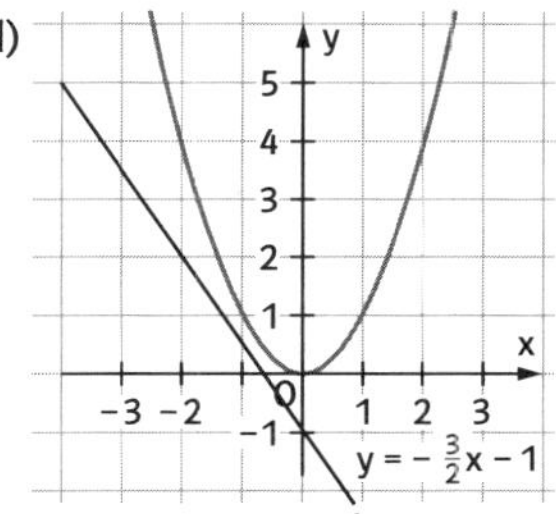

$x^2 = -\frac{3}{2}x - 1$;

$y = x^2$ und $y = -\frac{3}{2}x - 1$;

keine Lösung

3

a) Gerade: $y = 2x$; Gleichung: $x^2 = 2x$; $x_1 \approx 0$; $x_2 \approx 2$
b) Gerade: $y = -2x - 1$; Gleichung: $x^2 = -2x - 1$; nur eine Lösung: $x \approx -1$
c) Gerade: $y = x + 2$; Gleichung: $x^2 = x + 2$; $x_1 \approx -1$; $x_2 \approx 2$
d) Gerade: $y = 1$; Gleichung: $x^2 = 1$; $x_1 \approx -1$; $x_2 \approx 1$

Lösen quadratischer Gleichungen (2), Seite 15

1

a) $p = -8$; $q = 7$; $x_1 = 7$ und $x_2 = 1$
b) $p = 3$; $q = -10$; $x_1 = 2$ und $x_2 = -5$
c) $p = 8$; $q = 12$; $x_{1,2} = -\frac{8}{2} \pm \sqrt{\left(\frac{8}{2}\right)^2 - 12} = -4 \pm \sqrt{16 - 12}$
$= -4 \pm \sqrt{4} = -4 \pm 2$; $x_1 = -2$ und $x_2 = -6$

2

siehe Tabelle 1

3

a) $3x^2 + 12x - 24 = 0$; $x^2 + 4x - 8 = 0$
$x_{1,2} = -2 \pm \sqrt{2^2 + 8} = -2 \pm \sqrt{12} = -2 \pm 2\sqrt{3}$
$x_1 \approx 1{,}46$ und $x_2 \approx -5{,}46$
b) $5x^2 - 30x + 20 = 0$; $x^2 - 6x + 4 = 0$
$x_{1,2} = 3 \pm \sqrt{3^2 - 4} = 3 \pm \sqrt{5}$
$x_1 \approx 5{,}24$ und $x_2 \approx 0{,}76$
c) $6x^2 - 3x - 24 = 0$; $x^2 - \frac{1}{2}x - 4 = 0$
$x_{1,2} = \frac{1}{4} \pm \sqrt{\left(\frac{1}{4}\right)^2 + 4} = \frac{1}{4} \pm \sqrt{4\frac{1}{16}}$
$x_1 \approx 2{,}27$ und $x_2 \approx -1{,}77$

4

a) $x_1 = 0$; $x_2 = -23$
b) $x_1 = 0$; $x_2 = +1{,}3$
c) $x_1 = 0$; $x_2 = -3{,}5$
d) $x_1 = 0$; $x_2 = 5$

Tabelle 1

Quadratische Gleichung	Einsetzen in pq-Formel	Wert der Diskriminante	Anzahl der Lösungen	Lösungen, falls vorhanden
a) $x^2 + 4x - 21 = 0$	$x_{1,2} = -2 \pm \sqrt{2^2 + 21}$	$2^2 + 21 = 25$	2	−7; +3
b) $x^2 - 6x + 9 = 0$	$x_{1,2} = 3 \pm \sqrt{3^2 - 9}$	$3^2 - 9 = 0$	1	3
c) $x^2 - 3x + 8 = 0$	$x_{1,2} = \frac{3}{2} \pm \sqrt{\left(\frac{3}{2}\right)^2 - 8}$	$\left(\frac{3}{2}\right)^2 - 8 = -5{,}75$	0	–
d) $x^2 + 14x + 24 = 0$	$x_{1,2} = -7 \pm \sqrt{7^2 - 24}$	$7^2 - 24 = 25$	2	−12; −2
e) $x^2 + 3x + 2{,}25 = 0$	$x_{1,2} = -\frac{3}{2} \pm \sqrt{\left(\frac{3}{2}\right)^2 - 2{,}25}$	$\left(\frac{3}{2}\right)^2 - 2{,}25 = 0$	1	−1,5
f) $x^2 - 10x + 30 = 0$	$x_{1,2} = 5 \pm \sqrt{5^2 - 30}$	$5^2 - 30 = -5$	0	–

Linearfaktorzerlegung, Seite 16

1

a) $p = -8$; $q = 15$; $x_2 = 15 : 3 = 5$
Probe: $p = -(3 + 5) = -8$ ✓
b) $p = 8$; $q = 12$; $x_2 = q : x_1 = 12 : (-6) = -2$
Probe: $p = -(x_1 + x_2) = -(-6 + (-2)) = 8$ ✓
c) $p = 2$; $q = -15$; $x_2 = q : x_1 = -15 : (-5) = 3$
Probe: $p = -(x_1 + x_2) = -(-5 + 3) = 2$ ✓

d) $p = -7\frac{2}{7}$; $q = 2$; $x_2 = q : x_1 = 2 : 7 = \frac{2}{7}$

Probe: $p = -(x_1 + x_2) = \left(7 + \frac{2}{7}\right) = -7\frac{2}{7}$ ✓

e) $p = 8$; $q = 0$; $x_2 = q : x_1 = 0 : 0$; ist nicht lösbar;
also: $x_2 = -p - x_1 = -8 - 0 = -8$
Probe: $q = x_1 \cdot x_2 = 0 \cdot (-8) = 0$ ✓

2

a) $p = -(x_1 + x_2) = -(-1 - 5) = 6$; $q = x_1 \cdot x_2 = (-1) \cdot (-5) = 5$
$x^2 + 6x + 5 = (x + 1)(x + 5)$
b) $p = -(x_1 + x_2) = -(3 + 4) = -7$; $q = x_1 \cdot x_2 = 3 \cdot 4 = 12$
$x^2 - 7x + 12 = (x - 3)(x - 4)$

3

a)

$q = x_1 \cdot x_2$	x_1	x_2	$p = -(x_1 + x_2)$
30	3	10	$-(3 + 10) = -13 \neq 11$
30	5	6	$-(5 + 6) = -11 \neq$
30	−5	−6	$-(-5 - 6) = -11$ ✓

Lösungen sind $x_1 = -5$ und $x_2 = -6$.

b)

$q = x_1 \cdot x_2$	x_1	x_2	$p = -(x_1 + x_2)$
−8	2	−4	$-(2 - 4) = 2 \neq -7$
−8	1	−8	$-(1 - 8) = 7 \neq -7$
−8	−1	8	$-(-1 + 8) = -7$ ✓

Lösungen sind $x_1 = -1$ und $x_2 = 8$.

4

a) richtig
b) falsch; $L = \{-4;\ 5\}$
c) richtig
d) falsch; $L = \{1{,}5;\ 3\}$

5

a) $x_2 = -2$; $p = -(3 - 2) = -1$
$y = x^2 - x - 6$ bzw. $y = (x - 3)(x + 2)$
b) $q = 48$; da $q = x_1 \cdot x_2$, also $x_2 = 48 : 6 = 8$
$p = -(6 + 8) = -14$; $y = x^2 - 14x + 48$ bzw. $y = (x - 6)(x - 8)$

Anwendungen, Seite 17

1

Verstehen der Aufgabe:
Einzusetzen sind nacheinander folgende Werte: 1; 60; 1,93; 1,158; 5; 2,45; 2,50 und 25.

Ausdenken eines Plans:
Es ergibt sich die Funktionsgleichung: $y = a \cdot (x - u)^2 + v$.
Im Tipp sind nacheinander einzusetzen: Absprungstelle; (0 | 1,158) und (1 | 2,5).

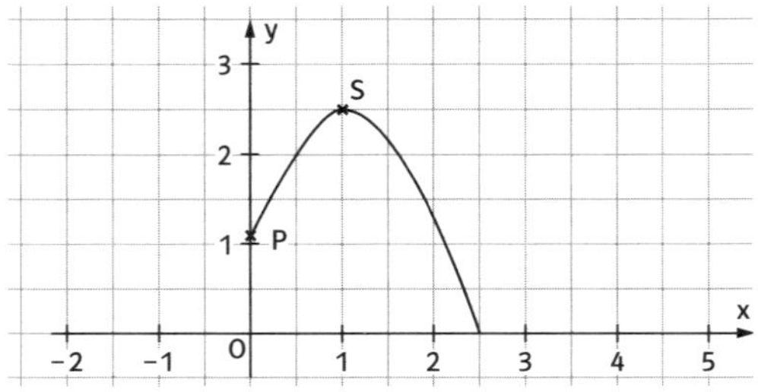

Durchführen des Plans:
Es ergibt sich folgender vollständige Text:
(1) Einsetzen des Punktes S(1 | 2,5) ergibt $y = a \cdot (x - 1)^2 + 2{,}5$.
Durch Einsetzen des Punktes P(0 | 1,158) erhält man $1{,}158 = a + 2{,}5$.
Umformen ergibt $a = -1{,}342$.
Also ergibt sich als Funktionsgleichung:
$y = -1{,}342 \cdot (x - 1)^2 + 2{,}5$.
(2) Wenn Sotomayor 25 cm früher abgesprungen wäre, hätte er bei der Latte dieselbe Höhe gehabt wie bei der skizzierten Flugbahn 25 cm hinter der Latte. Also gibt die y-Koordinate an der Stelle $x = 1{,}25$ die gesuchte Höhe an:
$y = -1{,}342 \cdot (1{,}25 - 1)^2 + 2{,}5 = 2{,}42$.
Notwendiger Abstand zur Latte (5 cm) → übersprungene Höhe: 2,37 m.

Rückschau:
(1) 2,37
(2) Das Ergebnis ist realistisch, weil er bei anderen Wettbewerben ähnliche Höhen übersprang.

Gleichungen, die auf quadratische Gleichungen führen, Seite 18

1

a) $x^3 - x^2 - 6x = 0$ | x ausklammern
$x(x^2 - x - 6) = 0$
$x^1 = 0$ oder $x^2 - x - 6 = 0$
$x_{2,3} = \frac{1}{2} \pm \sqrt{\left(\frac{1}{2}\right)^2 + 6} = \frac{1}{2} \pm \sqrt{6{,}25} = \frac{1}{2} \pm 2\frac{1}{2}$
$x_2 = 3$ $x_3 = -2$
Lösungsmenge $L = \{-2;\ 0;\ 3\}$
b) $z^3 + 4z^2 - 5z = 0$ | z ausklammern
$z(z^2 + 4z - 5) = 0$
$z_1 = 0$ oder $z^2 + 4z - 5 = 0$
$x_{2,3} = -2 \pm \sqrt{2^2 + 5} = -2 \pm \sqrt{9} = -2 \pm 3$
$z_2 = 1$ $z_3 = -5$
Lösungsmenge $L = \{-5;\ 0;\ 1\}$

2

Folgende Gleichungen gehören zusammen:
$z^2 + z + 8 = 0$ und $x^4 + x^2 + 8 = 0$
$z^2 + 2z + 8 = 0$ und $x^4 + 2x^2 + 8 = 0$
$z^2 - 2z - 8 = 0$ und $x^4 - 2x^2 - 8 = 0$
$z^2 - z + 8 = 0$ und $x^4 - x^2 + 8 = 0$

3

$x^4 - 8x^2 - 9 = 0$ | $x^2 = z$
$z^2 - 8z - 9 = 0$
$z_{1,2} = \frac{(8 \pm 10)}{2} = 4 \pm 5$
$z_1 = 9$ $z_2 = -1$ | Substitution rückgängig machen
$x^2 = 9$ $x^2 = -1$ nicht lösbar
$x_1 = 3$ $x_2 = -3$
Lösungsmenge $L = \{-3;\ 3\}$

4

a) $2x - 2 - x^2 = x - 2x^2$
$2x^2 - x^2 + 2x - x - 2 = 0$
$x^2 + x - 2 = 0$
$x_{1,2} = -\frac{1}{2} \pm \sqrt{\left(\frac{1}{2}\right)^2 + 2} = -\frac{1}{2} \pm \sqrt{2{,}25} = -\frac{1}{2} \pm 1\frac{1}{2}$
$x_1 = -2$ $\quad x_2 = 1$
Die Ausgangsgleichung ist für $x = 1$ nicht definiert, also ist die Lösungsmenge $L = \{-2\}$.

b) $\frac{(3x-6)}{(x-2)} = \frac{(x+2)}{(x-6)}$ $\quad | \cdot (x-2)(x-6)$
$\frac{(3x-6)(x-2)(x+6)}{(x-2)} = \frac{(x+2)(x-2)(x-6)}{(x-6)}$
$3x^2 - 6x - 18x + 36 = x^2 - 4$ $\quad | -x^2 + 4$
$2x^2 - 24x + 40 = 0$ $\quad | :2$
$x^2 - 12x + 20 = 0$
$x_{1,2} = 6 \pm \sqrt{36 - 20} = 6 \pm 4$
$x_1 = 10$ $\quad x_2 = 2$
Die Ausgangsgleichung ist für $x = 2$ nicht definiert, also ist die Lösungsmenge $L = \{10\}$.

5

$(\sqrt{17 - 2x})^2 = (x-1)^2$
$17 - 2x = x^2 - 2x + 1$
$16 = x^2$
$x_1 = 4$ und $x_2 = -4$
Überprüfen der Lösungen:
$x_1 = 4$: $\quad 1 + \sqrt{17 - 2 \cdot 4} = 4$; $\quad 1 + \sqrt{9} = 4$; $\quad 4 = 4$
$x_2 = -4$: $\quad 1 + \sqrt{17 - 2 \cdot (-4)} = -4$; nicht möglich,
da die linke Seite des Ausdrucks stets positiv, die rechte Seite aber negativ ist.
Lösungsmenge $L = \{4\}$.

Quadratische Funktionen und quadratische Gleichungen | Merkzettel, Seite 19

■ **Text:** Parabeln; $(0|0)$; Scheitelpunkt

Beispiele: b) $y = 3x^2$ $\quad$ c) $y = \frac{1}{4}x^2$ $\quad$ d) $y = -x^2$

■ **Text:** Parabeln; x; y; $(d|e)$
Beispiele: a) $y = 2 \cdot (x+2)^2 - 1$; $\quad S(-2|-1)$
b) $y = 2 \cdot (x-3)^2 + 2$; $\quad S(3|2)$

■ **Text:** a; b; c; quadratisch
Beispiele: $y = x^2 - 6x + 3^2 - 3^2 + 13$; $\quad y = (x-3)^2 + 4$
$x^2 + 2x + 1 - 5 = x^2 + 2x - 4$

■ **Beispiele:** $x^2 + x - \frac{5}{4} = 0$

■ **Text:** Nullstellen; Schnittpunkte
Beispiele: 1. a) $y = x^2 + x - 1{,}25$ $\quad x_1 \approx -1{,}75$ $\quad x_2 \approx 0{,}75$
1. b) $y = -x + 1{,}25$ $\quad x_1 \approx -1{,}75$ $\quad x_2 \approx 0{,}75$
2. $x_{1,2} = -\frac{+1}{2} \pm \sqrt{\left(\frac{+1}{2}\right)^2 - (-1{,}25)} = -\frac{1}{2} \pm \sqrt{1{,}5}$
$x_1 = -0{,}5 + \sqrt{1{,}5}$ $\quad x_2 = -0{,}5 - \sqrt{1{,}5}$

Seitenverhältnisse in rechtwinkligen Dreiecken – Sinus, Seite 20

1

a)

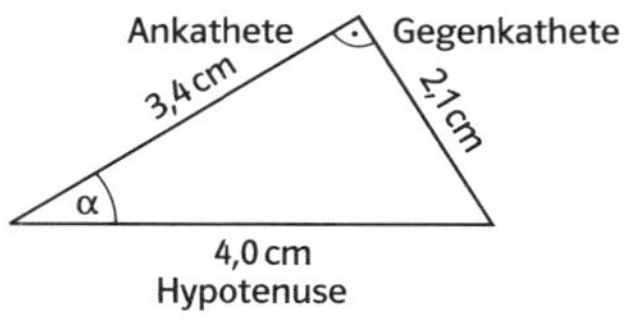

$\sin(\alpha) = \frac{2{,}1\,\text{cm}}{4{,}0\,\text{cm}}$

b)

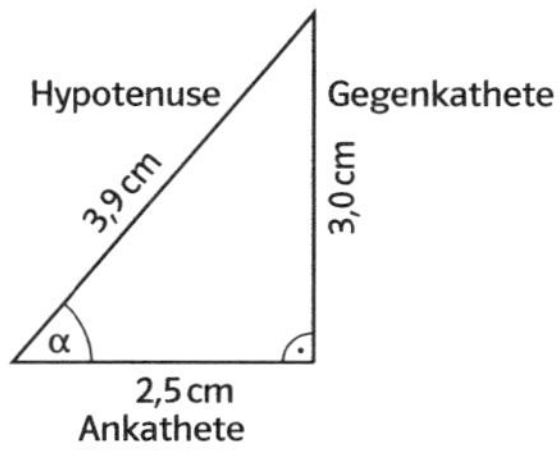

$\sin(\alpha) = \frac{3{,}0\,\text{cm}}{3{,}9\,\text{cm}}$

c)

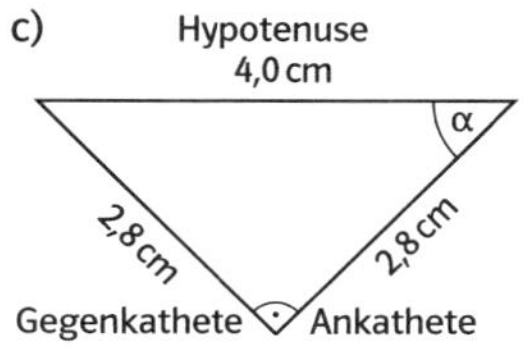

$\sin(\alpha) = \frac{2{,}8\,\text{cm}}{4{,}0\,\text{cm}}$

2

$\sin(\alpha) = \frac{a}{b}$; $\quad \sin(\gamma) = \frac{c}{b}$

3

$\sin(\alpha) = \frac{b}{c}$; $\quad \sin(\beta) = \frac{a}{c}$; $\quad \sin(\gamma) = \frac{e}{c}$; $\quad \sin(\delta) = \frac{d}{c}$

4

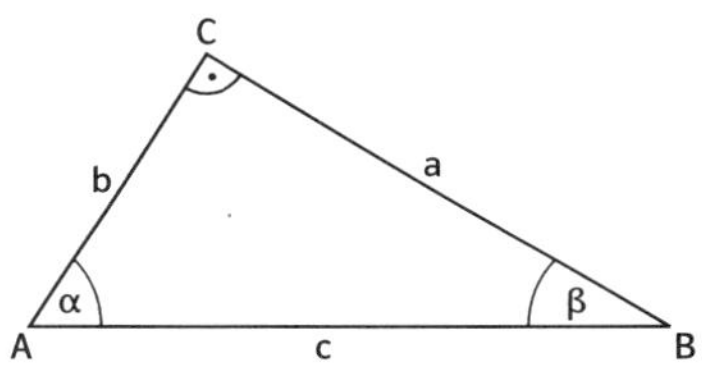

$c = \sqrt{a^2 + b^2} = 5\,\text{cm}$
$\sin(\alpha) = \frac{a}{c} = \frac{3}{5} = 0{,}6$; $\quad \alpha \approx 36{,}9°$
$\sin(\beta) = \frac{b}{c} = \frac{4}{5} = 0{,}8$; $\quad \beta \approx 53{,}1°$

5

	richtig	falsch	Korrektur, z.B.
$\sin(\alpha) = \frac{c}{e}$	○	⊗	$\sin(\alpha) = \frac{w}{e}$
$\sin(\alpha) = \frac{u}{h+g}$	⊗	○	/
$\sin(\alpha) = \frac{v}{e+f}$	○	⊗	$\sin(\alpha) = \frac{x}{e+f}$
$\sin(\alpha) = \frac{v}{g}$	⊗	○	/
$\sin(\alpha) = \frac{v}{a}$	○	⊗	$\sin(\alpha) = \frac{v}{g}$
$\sin(90° - \alpha) = \frac{c}{e}$	⊗	○	[T4] /

Kosinus und Tangens, Seite 21

1

A: $\cos(\alpha) = 0{,}6$ und $\cos(\beta) = \frac{4}{5}$; $\quad$ B: $\tan(\beta) = \frac{4}{3}$;
C: $\tan(\alpha) = 1{,}25$

2

Die Werte der Tabelle sind teilweise gerundet und können variieren, je nachdem, ob mit gerundeten oder genauen Werten weitergerechnet wird.

	a)	b)
a	3,2 cm	5,2 cm ($3 \cdot \sqrt{3}$ cm)
b	4,5 cm	3 cm
c	5,5 cm	6 cm
tan (α)	0,71	$\sqrt{3}$
α	35,4°	60°
cos (β)	0,58	$\frac{1}{2} \cdot \sqrt{3}$
β	54,5°	30°
γ	90°	90°

3

mögliche Lösungen:

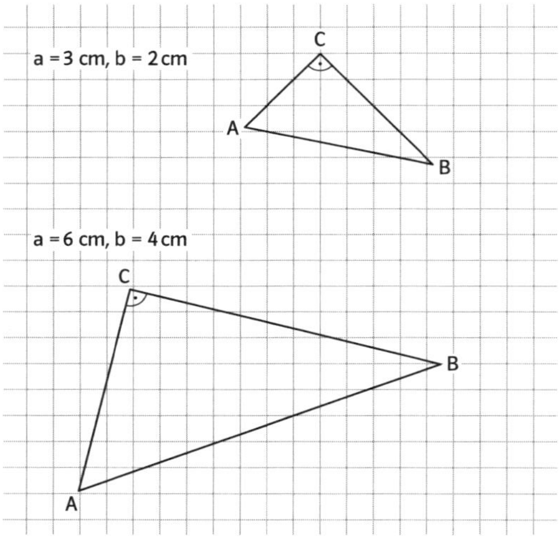

4

$\tan(\alpha) = \frac{h}{\frac{b}{2}} = \frac{3{,}10}{4{,}25} \approx 0{,}73;\quad \alpha \approx 36{,}1°$

5

a) $\tan(\alpha) = \frac{22}{40} = 0{,}55;\quad \alpha \approx 28{,}8°$

b) $\frac{22}{40} = 0{,}55 = 55\,\%$

Berechnungen an Figuren (1), Seite 22

1

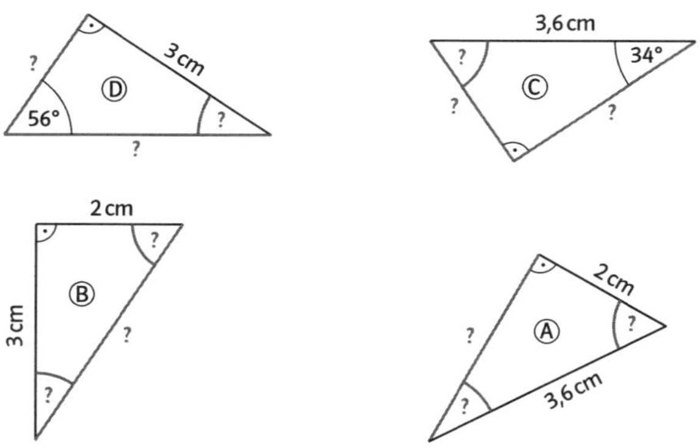

2

a) Skizze B

b) Bestimme x mit $\tan(40°) = \frac{x+8}{20}$;

$20 \cdot \tan(40°) = x + 8;\quad x = 20 \cdot \tan(40°) - 8 \approx 8{,}78;$

$x \approx 8{,}78$ m

3

a)

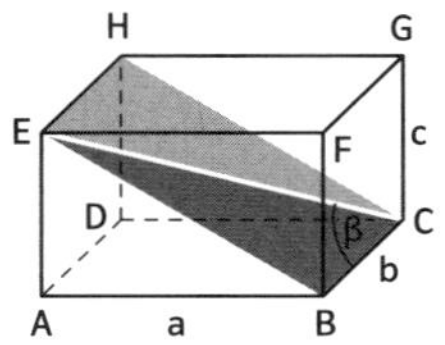

$\overline{EB} = \sqrt{a^2 + c^2} = \sqrt{34}$ cm; $\tan(\beta) = \frac{\sqrt{34}}{4};\quad \beta \approx 55{,}6°$

b)

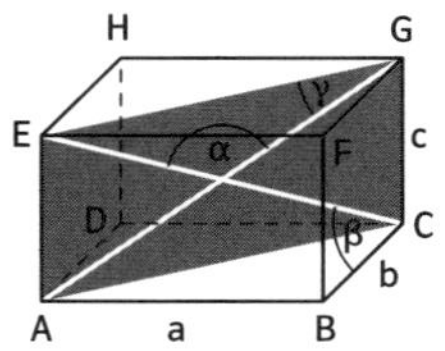

Es gibt verschiedene Möglichkeiten, Hilfslinien einzuzeichnen und die Aufgabe zu lösen. Ein Beispiel:

$\overline{EG} = \sqrt{a^2 + b^2} = \sqrt{41}$ cm; $\tan(\gamma) = \frac{3}{\sqrt{41}};\quad \gamma \approx 25{,}1°;$

$\alpha \approx 180° - 2\gamma = 129{,}8°$

Berechnungen an Figuren (2), Seite 23

1

a) $\tan(\alpha) = \frac{h}{\frac{a}{2}} = \frac{24}{9} = \frac{8}{3};\quad \alpha \approx 69{,}4°$

b) $\tan(\beta) = \frac{h}{\frac{1}{2}a\sqrt{2}} = \frac{24}{9\sqrt{2}} = \frac{8}{3\sqrt{2}};\quad \beta \approx 62{,}1°$

2

a) $\tan(40°) = \frac{a}{20};\quad a = \tan(40°) \cdot 20 \approx 16{,}78$

$\tan(48°) = \frac{a+x}{20}\quad | \cdot 20\,\text{m};\quad a + x = 20 \cdot \tan(48°)\quad | - a;$

$x = 20 \cdot \tan(48°) - a;\quad x \approx 5{,}43$

Der Fahrstuhl steigt in fünf Sekunden um 5,43 m.

Dies entspricht einer Geschwindigkeit von $\frac{5{,}43}{5}$ m/s ≈ 1,09 m/s

bzw. etwa 3,9 km/h.

b) $\tan(54°) = \frac{h}{10+b}$ und $\tan(62°) = \frac{h}{b};\quad b = \frac{h}{\tan(62°)};$

$\tan(54°) = \frac{h}{10 + \frac{h}{\tan(62°)}}$

Nebenrechnung:

$\tan(54°) = \frac{h}{10 + \frac{h}{\tan(62°)}}\quad | \cdot \left(10 + \frac{h}{\tan(62°)}\right)$

$10 \cdot \tan(54°) + \frac{\tan(54°)}{\tan(62°)} \cdot h = h\quad | - \frac{\tan(54°)}{\tan(62°)} \cdot h$

$10 \cdot \tan(54°) = h\left(1 - \frac{\tan(54°)}{\tan(62°)}\right)$

$h = \frac{10 \cdot \tan(54°)}{1 - \frac{\tan(54°)}{\tan(62°)}} \approx 51{,}33$

Der Ballon befindet sich 51,33 m über Gunnars Augenhöhe., d. h. 51,33 m + 1,5 m = 52,83 m über dem Erdboden.

3

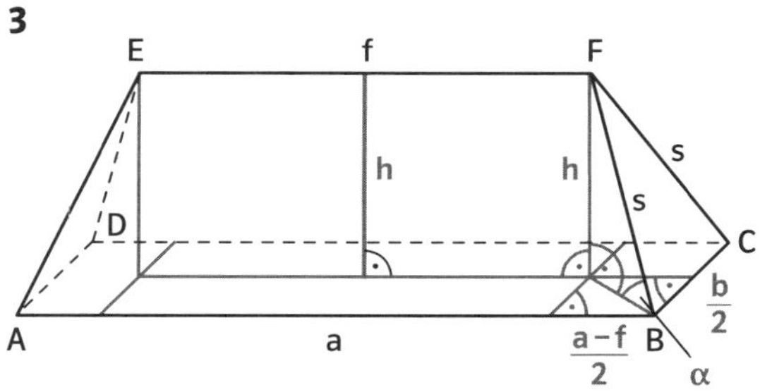

Beziehungen zwischen Sinus, Kosinus und Tangens, Seite 24

1

a)

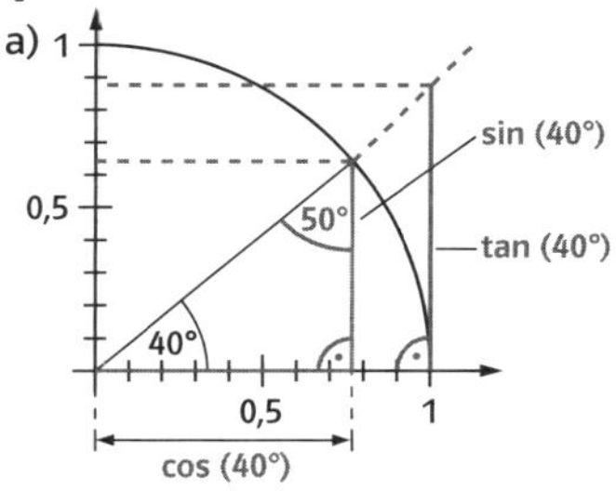

b) $\sin(40°) = \cos(50°)$; $\cos(40°) = \sin(50°)$

c) $\sin(50°) \approx 0{,}77$; $\cos(50°) \approx 0{,}64$; $\tan(40°) \approx 0{,}84$

2

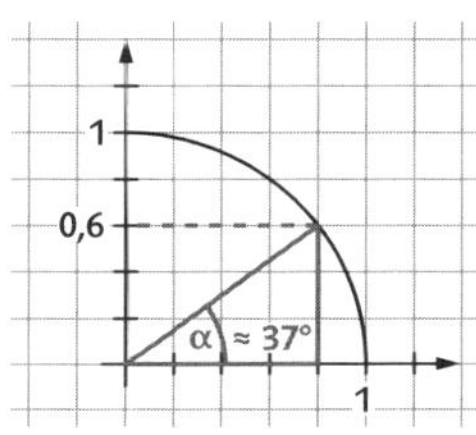

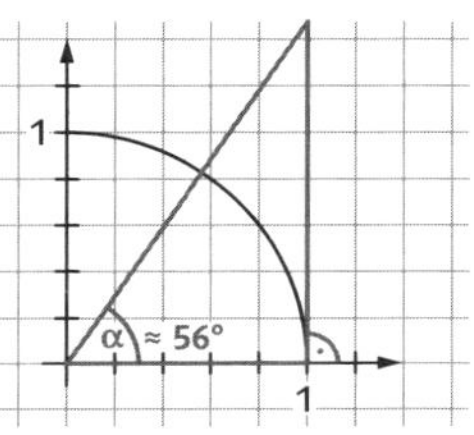

$\sin(\alpha) = 0{,}6$; $\alpha \approx 37°$ $\tan(\alpha) = 1{,}5$; $\alpha \approx 56°$

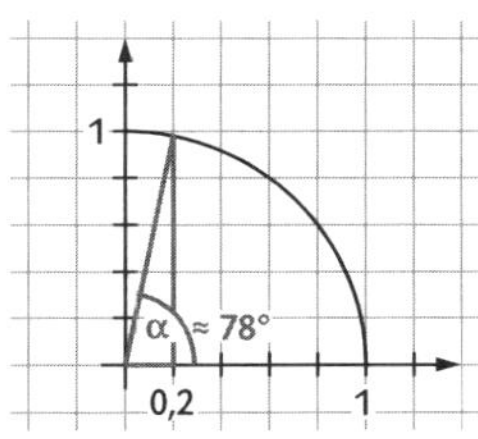

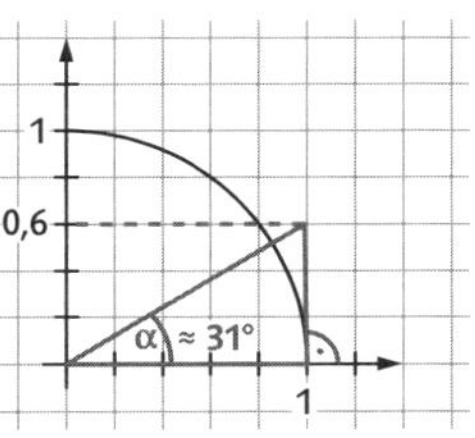

$\cos(\alpha) = 0{,}2$; $\alpha \approx 78°$ $\tan(\alpha) = 0{,}6$; $\alpha \approx 31°$

3

a) $\sin^2(\alpha) = 1 - \cos^2(\alpha) \quad |\sqrt{\ }$; $\sin(\alpha) = \sqrt{1 - \cos^2(\alpha)}$;

analog $\cos(\alpha) = \sqrt{1 - \sin^2(\alpha)}$

b)

sin(≤)	0,8	$\frac{2}{3}$	$\frac{2}{5}\sqrt{6}$	$\frac{1}{2}\sqrt{2}$	0
cos(≤)	0,6	$\frac{1}{3}\sqrt{5}$	$\frac{1}{5}$	$\frac{1}{2}\sqrt{2}$	1

4

a)

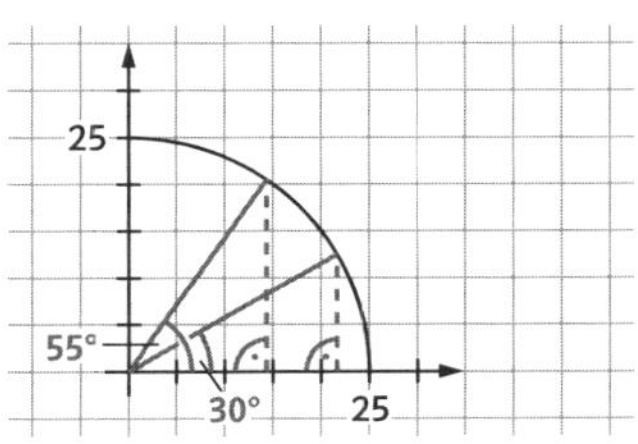

0,3 s → 30°; 0,55 s → 55°

b) nach 0,3 s: 45 m + 12,5 m = 57,5 m;

nach 0,55 s: 45 m + 20,5 m = 65,5 m

5

a) $\tan^2(\alpha) = \frac{\sin^2(\alpha)}{\cos^2(\alpha)} = \frac{1 - \cos^2(\alpha)}{\cos^2(\alpha)} = \frac{1}{\cos^2(\alpha)} - 1$

b) $\cos(\alpha) \cdot \tan(\alpha) = \cos(\alpha) \cdot \frac{\sin(\alpha)}{\cos(\alpha)} = \sin(\alpha)$

Trigonometrie | Merkzettel, Seite 25

■ **Text:** Verhältnisse; $\sin(\alpha) = \frac{\text{Gegenkathete}}{\text{Hypotenuse}}$

$\cos(\alpha) = \frac{\text{Ankathete}}{\text{Hypotenuse}}$; $\tan(\alpha) = \frac{\text{Gegenkathete}}{\text{Ankathete}}$

Beispiele: a = sin (30°) · 3,5 = 1,75 cm

b = cos (30°) · 3,50 = 3,03 cm

■ **Beispiele:** $d_{\text{Seitenfläche}} = a \cdot \sqrt{2}$; $r = \sqrt{3} \cdot a$;

$\sin(\alpha) = \frac{a}{\sqrt{3} \cdot a} = \frac{1}{\sqrt{3}}$; $\alpha \approx 35{,}3°$

■ **Text:** Sinus; Kosinus; Tangens; 0,75; 0,66; 1,15

Beispiele:

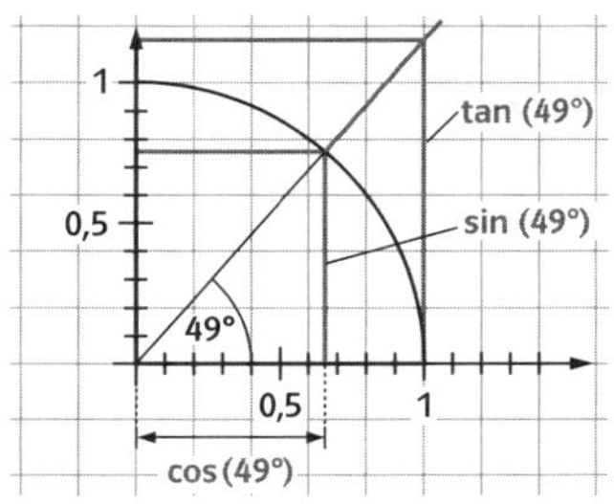

■ **Text:** cos (90° − α); sin (90° − α); $\frac{\sin(\alpha)}{\cos(\alpha)}$;

tan (90° − α); $\sin^2(\alpha) + \cos^2(\alpha) = 1$

Beispiele: cos (14°); sin (45°); $\frac{\sin(60°)}{\cos(60°)} = \sqrt{3} \approx 1{,}73$

$\frac{\sin(30°)}{\cos(30°)} = \frac{1}{\sqrt{3}} \approx 0{,}58$; $\sin(60°) = \frac{1}{2}\sqrt{3} \approx 0{,}87$

Üben und Wiederholen | Training 1, Seite 26

1

a) $y = 2x^2 + 4$; S(0 | 4)

b) $y = (x - 1)^2 - 1$; S(1 | −1)

c) $y = (x - 1)^2 - 2{,}5$; S(1 | −2,5)

d) $y = -(x + 3)^2 + 4$; S(−3 | 4)

2

a) (x − 2)(x − 3)

b) (x + 6)(x − 4)

c) x · (x − 3)

d) 2x (x + 4)

e) $(x - 13)^2$

3

Zahl: x; um 11 verkleinerte Zahl: x − 11; Produkt: x (x − 11);

S(5,5 | −30,25)

Für die Zahl 5,5 wird das Produkt am kleinsten, nämlich −30,25.

4
siehe Tabelle 1

Potenzen mit ganzzahligen Exponenten, Seite 27

1
Zusammen gehören:

Kilo... (k) — 10^3	Mega... (M) — 10^6
Giga... (G) — 10^9	Dezi... (d) — 10^{-1}
Zenti... (c) — 10^{-2}	Milli... (m) — 10^{-3}
Mikro... (μ) — 10^{-6}	Nano... (n) — 10^{-9}
Hekto... (h) — 10^2	

2

	Übersetzung der Einheit	wissenschaftliche Schreibweise	Dezimal-schreibweise
a)	$35\cdot 10^{-6}$ m	$3{,}5\cdot 10^{-5}$ m	0,000 035 m
b)	$0{,}2\cdot 10^{-3}$ m	$2\cdot 10^{-4}$ m	0,0002 m
c)	$320\cdot 10^{2}$ Pa	$3{,}2\cdot 10^{4}$ Pa	32000 Pa
d)	$110\cdot 10^{6}$ Pa	$1{,}1\cdot 10^{8}$ Pa	110 000 000 Pa
e)	$110\cdot 10^{-9}$ m	$1{,}1\cdot 10^{-7}$ m	0,000 000 11 m
f)	$1500\cdot 10^{3}$ W	$1{,}5\cdot 10^{6}$ W	1 500 000 W

3
a) 73 400 000 b) 0,0029 c) 0,010 52
d) 620 000 e) 41 000 f) 0,000 507

4
Die Umformungen a), c) und e) sind richtig. Die restlichen müssen wie folgt korrigiert werden:
b) -4^2 d) $\frac{1}{3}$ f) 27

5
a) $\frac{3^2}{5^7}$ b) $6^6\cdot 5$ c) $\frac{7^5}{2^6}$ d) $8^9\cdot 3^2$
e) $2^9\cdot 4^3$ f) $\frac{7^5}{6}$

6
a) 6^{-2} b) $\frac{1}{5^3}=5^{-3}$ c) $\frac{1}{2^5}=2^{-5}$ d) $\frac{1}{7^2}=7^{-2}$
e) $\frac{1}{12^2}=12^{-2}$ f) $\frac{1}{3^3}=3^{-3}$

7
a) $5\cdot(-8)=-40$ b) $-4+2^4=-4+16=12$ c) $4-27=-23$
d) $6\cdot 3^2=54$ e) $50+2=52$ f) $3+2=5$

Potenzen mit gleicher Basis, Seite 28

1
a) Beispiel: $x^3\cdot x^4=(x\cdot x\cdot x)\cdot(x\cdot x\cdot x\cdot x)=x^7=x^{3+4}$
b) Potenzen mit gleicher Basis werden dividiert, indem die Exponenten subtrahiert werden.
Beispiel: individuelle Lösung, z.B. $y^5:y^3=$
$(y\cdot y\cdot y\cdot y\cdot y):(y\cdot y\cdot y)=y^2=y^{5-3}$

2
a) a^9 b) b^6 c) c^5 d) d^{-5}
e) r^{-1} f) s^{11} g) t^4 h) u^{-6}

3
Potenzen werden potenziert, indem man die Exponenten multipliziert.
$(z^3)^2=(z^3)\cdot(z^3)=(z\cdot z\cdot z)\cdot(z\cdot z\cdot z)=z^6=z^{3\cdot 2}$

4
individuelle Lösung, z. B.:

	wertgleiche Potenzen			Vereinfachung
a)	$(2^4)^4$	$(2^2)^8$	$(2^8)^2$	2^{16}
b)	$(x^3)^{-4}$	$(x^{-2})^6$	$(x^{-4})^3$	x^{-12}
c)	$(3^{-2})^2$	$(3^2)^{-2}$	$(3^4)^{-1}$	3^{-4}
d)	$(y^6)^m$	$(y^{2m})^3$	$(y^2)^{3m}$	y^{6m}
e)	$(z^2)^n$	$(z^n)^2$	z^{n+n}	z^{2n}

5
Pauls Lösungen sind bei a), d) und f) falsch. Maries Lösungen sind bei b) und g) falsch.
Marie hat mehr richtige Umformungen.

6
a) $3z^3$ b) $5w^5$ c) 3 d) $7a^2$
e) b^{-2} f) x^k

7
a) Der Fehler befindet sich nach dem 2. Gleichheitszeichen.
Richtig ist:
$2u^{3-1}v^{7-6}=2u^2v$
b) Der Fehler befindet sich nach dem 2. Gleichheitszeichen.
Richtig ist:
$4\cdot a^{7-5}\cdot b^{1-3}=4a^2b^{-2}$
c) Der Fehler befindet sich nach dem 1. Gleichheitszeichen.
Richtig ist:
$\frac{7\cdot(-3)}{(3\cdot 14)}\cdot\frac{x^4}{x^3}\cdot\frac{y^{-2}}{y}=-\frac{1}{2}\cdot x\cdot y^{-2-1}=-\frac{1}{2}xy^{-3}$

Tab. 1

	Skizze	a	b	c	α	β	γ
a)	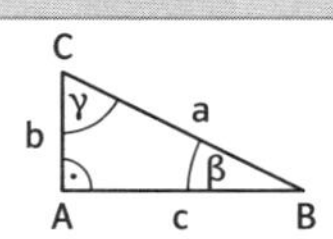	4,6 cm	2,8 cm	$c=\sqrt{a^2-b^2}$ c = 3,65 cm	90°	$\sin(\beta)=\frac{b}{a}$ β = 37,5°	52,5°
b)	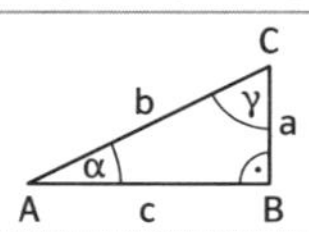	$\tan(\alpha)=\frac{a}{c}$ $a=c\cdot\tan(\alpha)$ a = 7,43 cm	$\sin(\gamma)=\frac{c}{b}$ $b=\frac{c}{\sin(\gamma)}$ b = 9,07 cm	5,2 cm	55°	90°	35°
c)	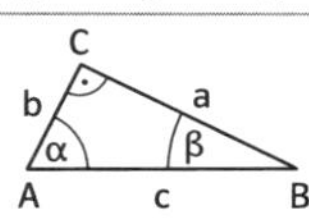	3,2 cm	$\tan(\alpha)=\frac{a}{b}$ $b=\frac{a}{\tan(\alpha)}$ b = 2,88 cm	$\sin(\alpha)=\frac{a}{c}$ $c=\frac{a}{\sin(\alpha)}$ c ≈ 4,31 cm	48°	42°	90°

Potenzen mit gleichen Exponenten, Seite 29

1

a) $a^n \cdot b^n = (a \cdot b)^n$

Beweis: $a^n \cdot b^n = \underbrace{a \cdot \ldots \cdot a}_{n\text{-mal}} \cdot \underbrace{b \cdot \ldots \cdot b}_{n\text{-mal}} = \underbrace{(a \cdot b) \cdot \ldots \cdot (a \cdot b)}_{n\text{-mal}} = (a \cdot b)^n$

b) $a^n : b^n = \frac{a^n}{b^n} = \left(\frac{a}{b}\right)^n$

Beweis: $\frac{a^n}{b^n} = \frac{\overbrace{a \cdot \ldots \cdot a}^{n\text{-mal}}}{\underbrace{b \cdot \ldots \cdot b}_{n\text{-mal}}} = \underbrace{\frac{a}{b} \cdot \ldots \cdot \frac{a}{b}}_{n\text{-mal}} = \left(\frac{a}{b}\right)^n$

2

a) 81

b) $5^3 = 125$

c) $(-3)^{-3} = -3^{-3} = -\frac{1}{3^3} = -\frac{1}{27}$

d) $\left(\frac{1}{2}\right)^{-5} = \frac{1}{2^{-5}} = 2^5 = 32$

e) $(-2)^6 = 64$

f) $(-3)^4 = 81$

3

a) n

b) 1,3

c) 4

d) (−2)

e) 3k

f) $\left(\frac{4}{5}\right)$

g) $\left(\frac{15}{8}\right)$

h) $\left(\frac{12}{1}\right) = 12$

4

a) richtig

b) falsch; richtig ist: 9^{x+2}

c) falsch; richtig ist: 3^z

d) richtig

e) falsch; richtig ist: 90^{-m}

f) falsch; richtig ist: $(4x)^{n-1} : x^{n-1} = 4^{n-1}$

5

a) Fläche der Maxi-Pizza: πr^2;

Fläche der Mini-Pizza: $\pi\left(\frac{r}{2}\right)^2 = \frac{1}{4} \cdot \pi r^2$

Preis für Mini-Pizza: $\frac{1}{4} \cdot 7{,}80\,€ = 1{,}95\,€$

Die Mini-Pizza müsste 1,95 € kosten. Dies ist ein Viertel des Preises einer Maxi-Pizza.

b) Filippo sollte seine Pizza noch etwas teurer verkaufen, denn ein Teil der Produktionskosten, wie z. B. Strom, Miete für den Stand, eventuelle Personalkosten etc., ist unabhängig von der Größe der Pizza.

Wurzeln, Seite 30

1

a) x = 5 m

b) $0{,}027 = 0{,}3 \cdot 0{,}3 \cdot 0{,}3$; x = 0,3 dm

c) $x = \sqrt[3]{100}\text{ ml} = \sqrt[3]{100\text{ cm}^3} \approx 4{,}64\text{ ml}$

d) $3375 = 15 \cdot 15 \cdot 15$; x = 15 mm

Würfel mit irrationaler Kantenlänge x: c)

2

a) $\sqrt[3]{64} < \sqrt[3]{90} < \sqrt[3]{125}$

$\sqrt[3]{4^3} < \sqrt[3]{90} < \sqrt[3]{5^3}$

$4 < \sqrt[3]{90} < 5$

b) $\sqrt[3]{216} < \sqrt[3]{270} < \sqrt[3]{343}$

$\sqrt[3]{6^3} < \sqrt[3]{270} < \sqrt[3]{7^3}$

$6 < \sqrt[3]{270} < 7$

c) $\sqrt[3]{343} < \sqrt[3]{444} < \sqrt[3]{512}$

$\sqrt[3]{7^3} < \sqrt[3]{444} < \sqrt[3]{8^3}$

$7 < \sqrt[3]{444} < 8$

3

a)

x	5	6	8	1	4	7
x^3	125	216	512	1	64	343
$\sqrt[3]{x}$	1,71	1,82	2	1	1,59	1,91

b)

x	5	2	1,1	1	1024	3,21
x^5	3125	32	1,61051	1	$1{,}13 \cdot 10^{15}$	343
$\sqrt[5]{x}$	1,37973	1,15	1,02	1	4	1,26

4

a) $\sqrt[3]{1296} = \sqrt[3]{16 \cdot 81} = \sqrt[3]{2^4 \cdot 3^4} = 6 \cdot \sqrt[3]{6}$

b) $\sqrt[3]{100\,000} = \sqrt[3]{10^5} = 10 \cdot \sqrt[3]{100}$

c) $\sqrt[3]{0{,}0625} = \sqrt[3]{0{,}5^4} = 0{,}5 \cdot \sqrt[3]{0{,}5}$

d) $\sqrt[3]{27x^5} = \sqrt[3]{3^3x^5} = 3x \cdot \sqrt[3]{x^2}$

e) $\sqrt[4]{4802} = 7\sqrt[4]{2}$

f) $\sqrt[7]{256} = \sqrt[7]{2^8} = 2 \cdot \sqrt[7]{2}$

g) $\sqrt[11]{6144} = 2\sqrt[11]{3}$

5

a) Kantenlänge des Würfels: x

$x^3 = 7\,l = 7\,\text{dm}^3 = 7000\,\text{cm}^3$; $x = \sqrt[3]{7000}\text{ cm} \approx 19{,}13\text{ cm}$

b) $x = \sqrt[3]{35\,000}\text{ cm} \approx 32{,}71\text{ cm}$

c) $\sqrt[3]{5}$

6

$3 \cdot 3 \cdot 3 = 27$ Würfelteile

Kantenlänge Teilwürfel: $x = \frac{\sqrt[3]{190{,}11}}{27}\text{ cm} = \frac{1}{3}\sqrt[3]{190{,}11}\text{ cm} \approx 1{,}92\text{ cm}$

Potenzen mit rationalen Exponenten, Seite 31

1

a) A: P5 B: D2 C: P1 D: D2 E: D1

b) $\left(10^{\frac{1}{4}}\right)^3 = \left(\sqrt[4]{10}\right)^3$

2

$3^{\frac{2}{3}} = \sqrt[3]{3^2} = \left(\sqrt[3]{3}\right)^2$

$\sqrt[3]{3} = 3^{\frac{1}{3}}$

$\sqrt[3]{2^2} = 2^{\frac{2}{3}} = \left(\sqrt[3]{2}\right)^2$

$\sqrt{3^3} = 3^{\frac{3}{2}} = \left(\sqrt{3}\right)^3$

3

a) Die linke Eingabe ist falsch.

b), d) und e) Beide Eingaben sind richtig.

c) Beide Eingaben sind falsch.

4

a) $6^2 = 36$

b) $81^{-\frac{1}{2}} = \frac{1}{\sqrt{81}} = \frac{1}{9}$

c) $7^{-1} = \frac{1}{7}$

d) $15^{\frac{3}{5}} = \left(\sqrt[5]{15}\right)^3$

e) $a^{-\frac{1}{8}} = \frac{1}{\sqrt[8]{a}}$

f) $b^{-\frac{7}{6}} = \left(\sqrt[6]{b}\right)^{-7}$

5

a) $4^{\frac{1}{3}} \cdot 2^{\frac{1}{3}} = 8^{\frac{1}{3}} = 2$

b) $3^{\frac{1}{3}} : 3^{\frac{1}{2}} = 3^{\frac{1}{3} - \frac{1}{2}} = 3^{-\frac{1}{6}}$

c) $x^{\frac{3}{10}} : x^{\frac{1}{5}} = x^{\frac{3}{10} - \frac{1}{5}} = x^{\frac{1}{10}}$

d) $y^{\frac{1}{4}} \cdot y^{\frac{2}{3}} = y^{\frac{3}{12} + \frac{8}{12}} = y^{\frac{11}{12}}$

6

a) $\sqrt[3]{3^4} : 3 = \sqrt[3]{3}$

b) $\sqrt[4]{4^3} \cdot 4 = \left(\sqrt[4]{4}\right)^7$

c) $\sqrt[3]{9} \cdot 4^{\frac{2}{3}} = \sqrt[3]{12^2}$

d) $\sqrt[4]{3^3} \cdot 3 = \left(\sqrt[4]{3}\right)^7$

Potenzen | Merkzettel, Seite 32

■ **Text:** Ziffer; Komma; Zehnerpotenz
Beispiele: $2{,}0456 \cdot 10^4$; $5{,}807 \cdot 10^{-3}$; $3{,}9102 \cdot 10^2$; $6{,}1 \cdot 10^{-7}$

■ **Text:** n
Beispiele: 1; $4 \cdot 4 \cdot 4 = 64$; $\frac{1}{3^2} = \frac{1}{9}$; $\frac{1}{(-5)^3} = \frac{-1}{125}$

■ **Text:** potenziert
Beispiele: $\sqrt[4]{81} = 3$; $\sqrt[3]{64} = 4$

■ **Text:** natürliche
Beispiele: $(\sqrt[3]{27})^4 = 3^4 = 81$; $\frac{1}{16^{\frac{3}{4}}} = \frac{1}{(\sqrt[4]{16})^3} = \frac{1}{2^3} = \frac{1}{8}$

■ **Text:** addiert; subtrahiert; Basis; multipliziert; dividiert; multipliziert
Beispiele: a^8; $b^{\frac{3}{7}}$; c^2; d^{-4}; $15^{\frac{2}{5}}$; 4^4; 5^p; x^8; $y^{\frac{1}{12}} = y^{\frac{1}{6}}$

Laplace-Experimente, Seite 33

1
$\frac{1}{3}$; $\frac{2}{5}$; $\frac{2}{3}$; $\frac{3}{8}$

2
a) $\frac{1}{3}$ b) $\frac{2}{3}$ c) $\frac{1}{3}$ d) $\frac{1}{5}$ e) $\frac{1}{2}$

3
a)

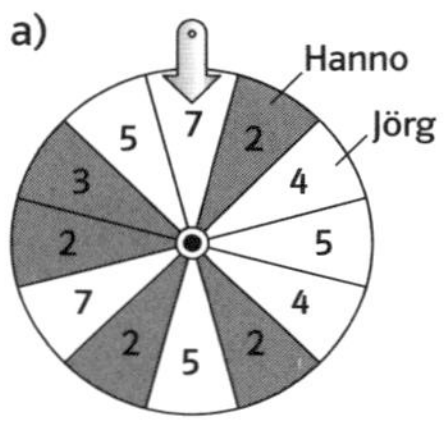

b) Jörg hat die besseren Gewinnchancen.
Wahrscheinlichkeit: $\frac{7}{12}$
Wahrscheinlichkeit für einen Gewinn von Hanno: $\frac{5}{12}$

4
a) $\frac{1}{2}$ b) $\frac{2}{3}$ c) $\frac{11}{12}$ d) $\frac{5}{12}$

5
a) $\frac{11}{28}$ (bzw. 39,29 %) b) $\frac{17}{28}$ (bzw. 60,71 %)

Mehrstufige Zufallsexperimente (1), Seite 34

1
a)

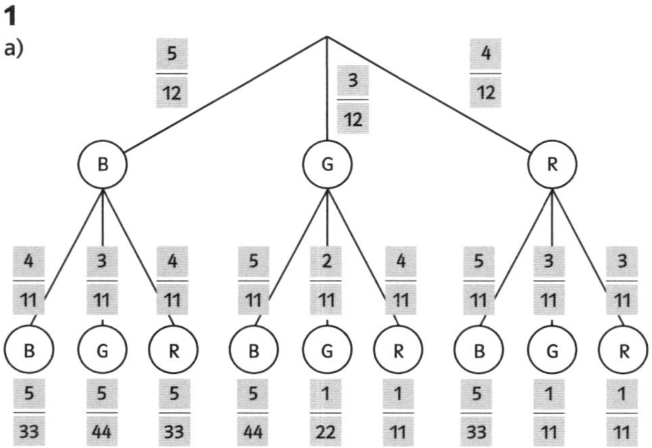

b) $\frac{5}{33} + \frac{5}{33} = \frac{10}{33}$
c) $\frac{5}{44} + \frac{5}{44} + \frac{5}{44} + \frac{1}{11} + \frac{5}{33} + \frac{1}{11} = \frac{47}{66}$ oder: $1 - \frac{5}{33} - \frac{1}{22} - \frac{1}{11} = \frac{47}{66}$
d) $\frac{5}{44} + \frac{5}{44} + \frac{1}{22} + \frac{1}{11} + \frac{1}{11} = \frac{5}{11}$

2

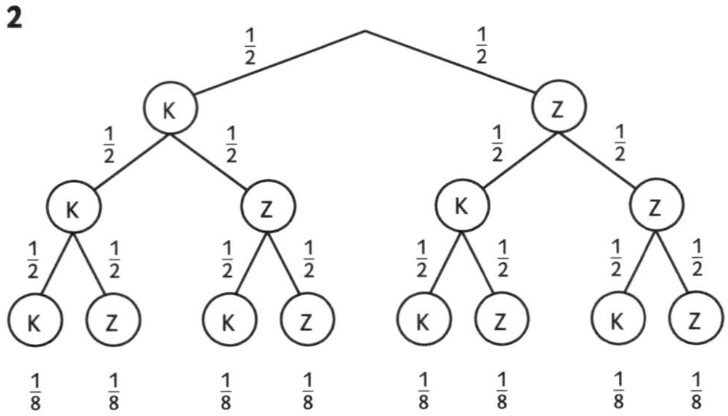

Wahrscheinlichkeit für genau zweimal Kopf: $\frac{3}{8}$

3
a) $\frac{1}{4}$ b) $\frac{11}{36}$ c) $\frac{2}{9}$

Mehrstufige Zufallsexperimente (2), Seite 35

1
a) Wahrscheinlichkeit: $\frac{1}{10} \cdot \frac{1}{10} \cdot \frac{1}{10} = \frac{1}{1000}$
Anzahl der Pfade: 1000
b) Wahrscheinlichkeit: $\frac{1}{10} \cdot \frac{1}{9} \cdot \frac{1}{8} = \frac{1}{720}$
Anzahl der Pfade: 720

2
a) $\frac{1}{10}$ b) $\frac{6}{10}$ c) $\frac{3}{10}$

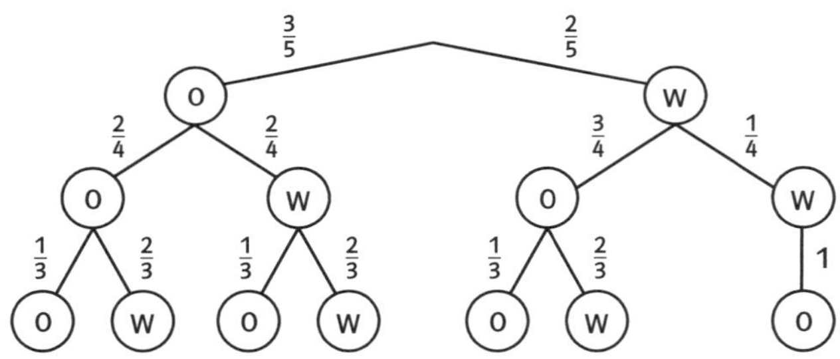

3
a)

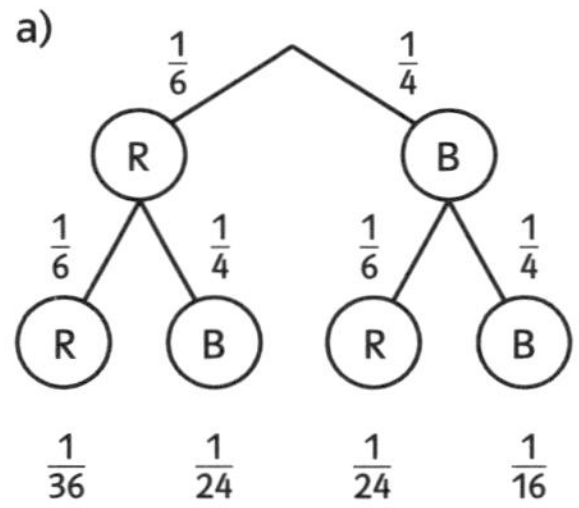

b) erst Blau, dann Rot: $\frac{1}{24}$;
zweimal Rot: $\frac{1}{36}$;
erst Rot, dann Blau: $\frac{1}{24}$

4

Gegenereignis: mindestens einmal eine Sechs

Wahrscheinlichkeit für zweimal eine Zahl > 6: $\frac{5}{6} \cdot \frac{5}{6} = \frac{25}{36}$

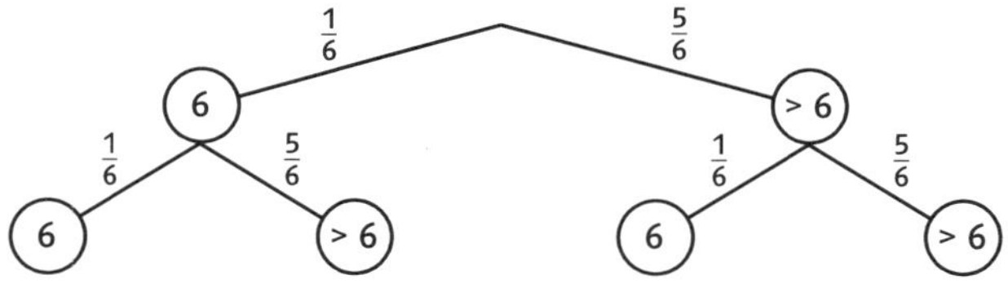

Abzählverfahren, Seite 36

1

siehe Tabelle 1

2

a) 120 b) 40 c) 40

3

a) 100 000 Postleitzahlen; ca. 65 % der möglichen Zeichenketten kommen also gar nicht vor.

b) 10

c) In 32 805 Postleitzahlen könnte genau eine Null vorkommen, 59 049 könnten ohne eine einzige Null gebildet werden.

4

a) 36 b) $\frac{4}{36} = \frac{1}{9}$ c) $\frac{2}{36} = \frac{1}{18}$

d) (1, 4, 8), (1, 5, 7), (2, 4, 7); $\frac{3}{36} = \frac{1}{12}$

Ziehen mit und ohne Beachtung der Reihenfolge, Seite 37

1

$\binom{3}{1} \rightarrow$ a)	$\binom{10}{5} \rightarrow$ c)	$\binom{5}{3} \rightarrow$ b), d)	$\binom{5}{4} \rightarrow$ --
$\binom{2}{3} \rightarrow$ --	$\binom{5}{2} \rightarrow$ b), d)	$\binom{10}{2} \rightarrow$ --	$\binom{2}{5} \rightarrow$ --
$\binom{3}{2} \rightarrow$ a)	$\binom{5}{1} \rightarrow$ --		

2

a) Es gibt $9 \cdot 8 \cdot 7 \cdot 6 = 3024$ mögliche Zahlen. $\frac{1}{3024} \approx 0{,}03\,\%$

b) Von allen 3024 möglichen Ziehungen lassen sich

$4! = 24$ Zahlen zu 9876 umsortieren. $\frac{24}{3024} \approx 0{,}79\,\%$

3

individuelle Lösung

4

a) mit Beachtung der Reihenfolge b) 20; 120

c) 66,7 % d) 80 % e) 100 %

Bernoulli-Experimente, Seite 38

1

a) TTNN, TNTN, TNNT, NTTN, NTNT, NNTT

b) TTNNN, TNTNN, TNNTN, TNNNT, NTTNN, NTNTN, NTNNT, NNTTN, NNTNT, NNNTT

2

siehe Figur 1

Einzusetzen sind der Reihe nach

$\frac{1}{2}$; $\left(\frac{1}{2}\right)^5 = \frac{1}{32}$; $\left(\frac{1}{2}\right)$.

siehe Tabelle 2

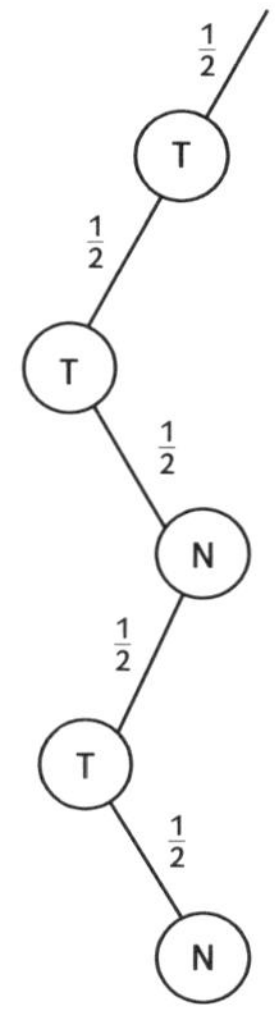

$\left(\frac{1}{2}\right)^5 = \frac{1}{32}$

Figur 1

3

gezinkter Würfel: $\binom{7}{3} \cdot 0{,}25^3 \cdot 0{,}75^4 \approx 0{,}17$

echter Würfel: $\binom{7}{3} \cdot \left(\frac{1}{6}\right)^3 \cdot \left(\frac{5}{6}\right)^4 \approx 0{,}08$

Nach diesen Berechnungen müsste es sich um den gezinkten Würfel handeln.

4

Erfolgswahrscheinlichkeit: p; Anzahl der Versuchsdurchführungen: n; Anzahl der Erfolge: k

b) $B_{4;\frac{1}{6}}(3) = \binom{4}{3} \cdot \left(\frac{1}{6}\right)^3 \cdot \left(\frac{5}{6}\right)^1 \approx 0{,}015$

c) $B_{10;\frac{1}{5}}(3) = \binom{10}{3} \cdot \left(\frac{1}{5}\right)^3 \cdot \left(\frac{4}{5}\right)^7 \approx 0{,}201$

d) $B_{5;\frac{1}{2}}(4) = \binom{5}{4} \cdot \left(\frac{1}{2}\right)^4 \cdot \left(\frac{1}{2}\right)^1 \approx 0{,}15625$

e) $B_{9;\frac{1}{4}}(1) = \binom{9}{1} \cdot \left(\frac{1}{4}\right)^1 \cdot \left(\frac{3}{4}\right)^8 \approx 0{,}225$

f) $B_{6;\frac{1}{4}}(3) = \binom{6}{3} \cdot \left(\frac{1}{4}\right)^3 \cdot \left(\frac{3}{4}\right)^3 \approx 0{,}132$

Tabelle 1

Zufallsversuch	Anzahl der möglichen Ergebnisse/Reihenfolgen	Ergebnis
a) Aus einem Beutel mit 26 verschiedenen Buchstaben sollen vier Buchstaben gezogen werden. Wie viele „Wörter“ können entstehen?	$26 \cdot 25 \cdot 24 \cdot 23$	358 800
b) Im Restaurant gibt es sechs mögliche Plätze für die fünf Besucher. Auf wie viele Arten können sie platziert werden?	$6 \cdot 5 \cdot 4 \cdot 3 \cdot 2$	720
c) Wie viele mögliche Reihenfolgen sind bei einem Zahlenschloss mit drei Zahlenringen von 0…9 möglich?	$10 \cdot 10 \cdot 10$	1000
d) Von 35 Kugeln, die mit 1 bis 35 beschriftet sind, werden fünf gezogen. Wie viele Möglichkeiten gibt es? (Die Reihenfolge soll beachtet werden.)	$35 \cdot 34 \cdot 33 \cdot 32 \cdot 31$	38 955 840
e) Karla stehen für Modeaufnahmen vier Paar Schuhe, sechs T-Shirts und acht Hosen zur Verfügung. Wie viele unterschiedliche Kombinationen gibt es?	$4 \cdot 6 \cdot 8$	192

Tabelle 2

k: Anzahl der Treffer	0	1	2	3	4	5
Wahrscheinlichkeit	0,031 25	0,156 25	0,3125	0,3125	0,156 25	0,031 25

Wahrscheinlichkeitsrechnung | Merkzettel, Seite 39

■ **Text:** Gegenereignis
Beispiele: keine Sechs würfeln

■ **Text:** Laplace
Beispiele: $\frac{3}{6} = \frac{1}{2} = 50\,\%$

■ **Text:** Pfad; Summen
Beispiele: $1 - \left(\frac{5}{6}\right)^2 = 1 - \frac{25}{36} = \frac{11}{36}$

■ **Text:** multipliziert; n!
Beispiele: $5! = 5 \cdot 4 \cdot 3 \cdot 2 \cdot 1 = 120$

■ **Text:** Produktregel
Beispiele: $\binom{5}{3} = 10$

■ **Beispiele:** $\binom{6}{2} \cdot \left(\frac{1}{6}\right)^2 \cdot \left(\frac{5}{6}\right)^4 \approx 0{,}2$

Potenzfunktionen mit ganzzahligen Exponenten (1), Seite 40

1
a) siehe Tabelle 1
b)

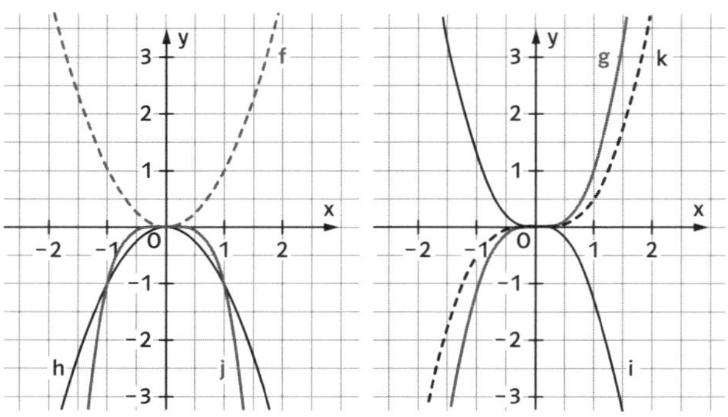

2
a) $f(x) = x^2$ b) $f(x) = x^4$ c) $f(x) = -x^2$ d) $f(x) = -x^6$
e) $f(x) = -x^3$ f) $f(x) = -x^7$ g) $f(x) = x^5$ h) $f(x) = x^3$

3
f(x): P, S, T g(x): P, T h(x): P, T i(x): P, R, S

4

	x	$0{,}25x^4$	$0{,}5x^2$	x^3
a)	1	0,25	0,5	1
b)	2	4	2	8
c)	0	0	0	0
d)	4	64	8	64
e)	1,5	1,265 625	1,125	3,375

Potenzfunktionen mit ganzzahligen Exponenten (2), Seite 41

1
a) siehe Tabelle 2
b)

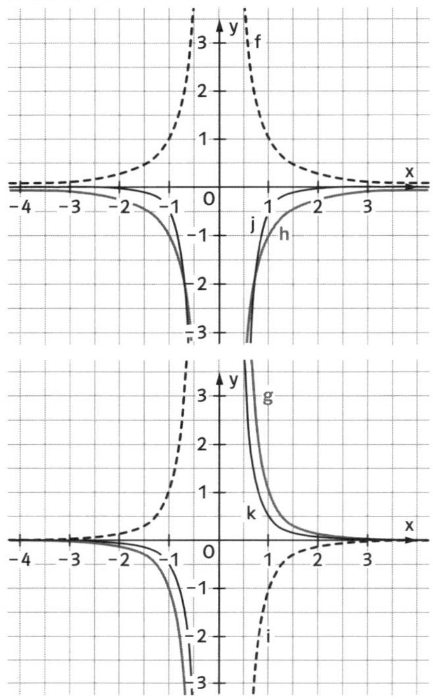

2
Zu f(x) gehört 1 und 4.
Zu g(x) gehört keine der Eigenschaften.
Zu h(x) gehört 2.
Zu i(x) gehört 4.
Zu j(x) gehört 1.

Tabelle 1

$f: x \to x^n$	n ist gerade	n ist ungerade
Definition	ℝ	ℝ
Grenzen/Asymptoten	Je größer x wird, desto größer wird x^n.	Je größer x wird, desto größer wird x^n.
Symmetrie	achsensymmetrisch zur y-Achse	punktsymmetrisch zum Ursprung
gemeinsame Punkte	(−1 | 1); (0 | 0); (1 | 1)	(−1 | −1); (0 | 0); (1 | 1)

Tabelle 2

$f: x \to x^{-n}$	n gerade	n ungerade
Definitionsmenge	ℝ \ {0}	ℝ \ {0}
Grenzen/Asymptoten	Je kleiner $\lvert x \rvert$ wird, desto größer wird $\lvert x^n \rvert$ mit $x^n > 0$. Je größer $\lvert x \rvert$ wird, desto kleiner wird $\lvert x^{-n} \rvert$.	Je kleiner x wird, desto größer wird $\lvert x^n \rvert$, für $x < 0$ ist $x^{-n} < 0$, für $x > 0$ ist $x^{-n} > 0$. Je größer $\lvert x \rvert$ wird, desto kleiner wird $\lvert x^{-n} \rvert$.
Symmetrie	achsensymmetrisch zur y-Achse	punktsymmetrisch zum Ursprung
gemeinsame Punkte	(−1 | 1); (1 | 1)	(−1 | −1); (1 | 1)

3

a)

x	$\frac{1}{3}x^2$	$-3x^{-1}$
1	$\frac{1}{3}$	-3
2	$\frac{4}{3} = 1\frac{1}{3}$	$-\frac{3}{2}$
3	3	-1
4	$\frac{16}{3} = 5\frac{1}{3}$	$-\frac{3}{4}$

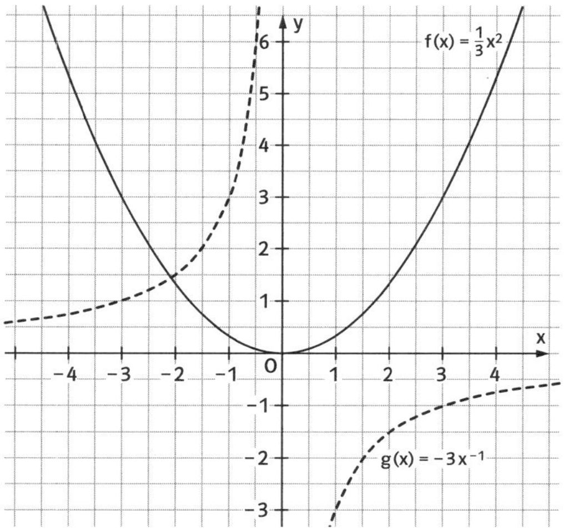

b) Der Ansatz $\frac{1}{3}x^2 = -3x^{-1}$ liefert $x = -\sqrt[3]{9} \approx -2{,}08$.
Einsetzen in $y = \frac{1}{3}x^2$ liefert $y \approx 1{,}44$; $S(-2{,}08\,|\,1{,}44)$.

Wurzelfunktionen, Seite 42

1

	Parabel		Wurzel		
	x	y	x	y	
A	2	4	4	2	A′
B	3	9	9	3	B′
C	0	0	0	0	C′
D	1	1	1	1	D′
E	1,5	2,25	2,25	1,5	E′
F	2,5	6,25	6,25	2,5	F′
G	a	b	b	a	G′

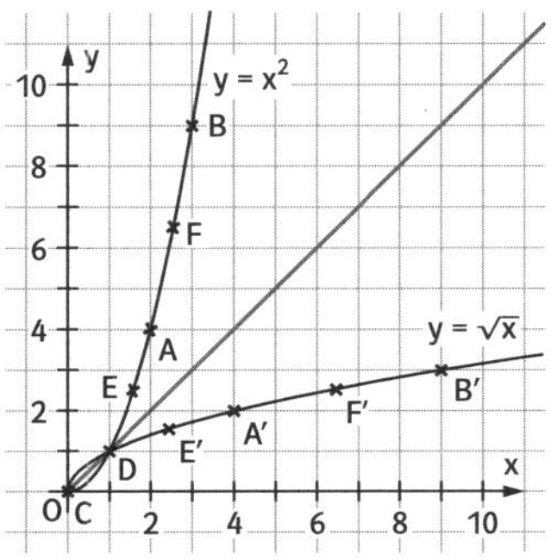

Spiegelt man P(a | b) an der Winkelhalbierenden, so erhält man P′(b | a).

2

a)

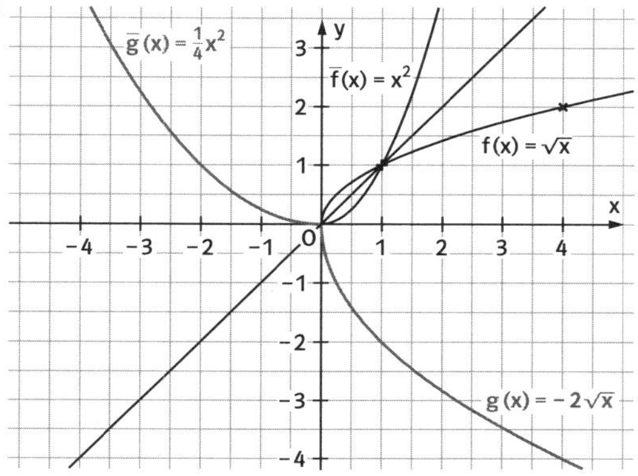

b) $D_f = \{x \in \mathbb{R} \mid x \geqq 0\}$
$f: x \to \sqrt{x}\ (x \geqq 0)$
$x = \sqrt{y}$
$y = x^2$
$\bar{f}: x \to x^2\ (x \geqq 0)$

$D_g = \{x \in \mathbb{R} \mid x \geqq 0\}$
$g: x \to -2\sqrt{x}\ (x \geqq 0)$
$x = -2\sqrt{y}$
$\sqrt{y} = -\frac{x}{2}$; $\quad y = \frac{1}{4}x^2$
$\bar{g}: x \to \frac{1}{4}x^2\ (x \leqq 0)$

3

a) d: $x \to x^1$ e: $x \to x^{0,5}$ b: $x \to x^2$ a: $x \to 4^4$
c: $x \to x^{1,5}$ f: $x \to x^{0,25}$
b) g verläuft zwischen e und f.
c) h verläuft zwischen c und d.

Potenzgleichungen, Seite 43

1

a) $f(x) = x^{0,5}$
b)

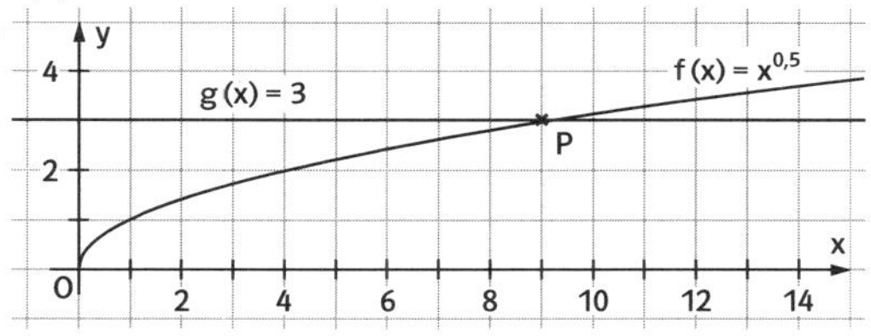

c) P (9 | 3)

2

a) (1) hat zwei Lösungen: $x_{1,2} = \pm\sqrt{2} \approx \pm 1{,}41$ bzw.
$x_{1,2} = \pm\sqrt[4]{4} \approx \pm 1{,}41$.
Schnittpunkte: $S_1(\sqrt{2}\,|\,2)$ und $S_2(-\sqrt{2}\,|\,2)$
(2) hat die Lösungen $x_{1,2} = \sqrt[3]{-0{,}5} \approx -0{,}79$.
Schnittpunkt: $S_3(\sqrt[3]{-0{,}5}\,|\,-1)$ bzw. $S_3(-0{,}79\,|\,-1)$
b)

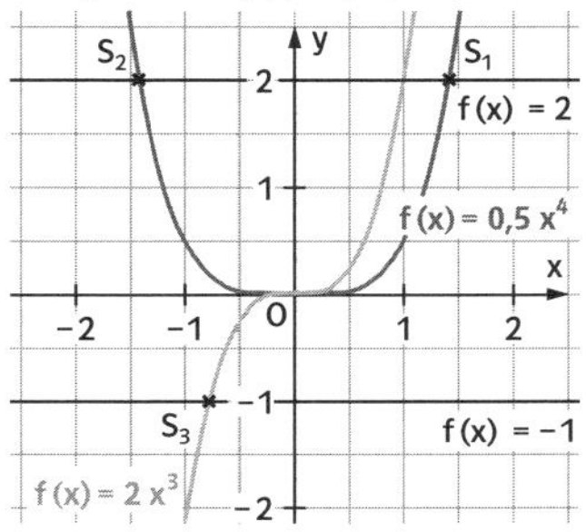

3

$(3x + 2)^5 - 32 = 0 \quad | +32$
$(3x + 2)^5 = 32 \quad | \sqrt[5]{\ }$
$3x + 2 = 2 \quad | -2$
$3x = 0 \quad | : 3$
$x = 0$ ist einzige Nullstelle.

4

a) $\sqrt[4]{x-5} = 3$

$(x-5)^{\frac{1}{4}} = 83 \quad |(\ )^4$

$x - 5 = 81 \quad |+5$

$x = 86$

$L = \{86\}$

b) $3 + \sqrt[3]{x^4} = 9 \quad |-3$

$\sqrt[3]{x^4} = 6$

$x^{\frac{4}{3}} = 6 \quad |(\ )^{\frac{3}{4}}$

$x = 6^{\frac{3}{4}}$

$x = \sqrt[4]{6^3} = \sqrt[4]{216} \approx 3{,}83$

$L = \{3{,}83\}$

5

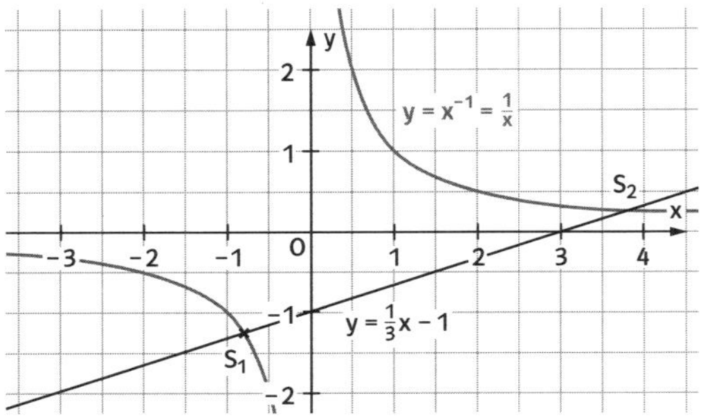

$x^{-1} = \frac{1}{3}x - 1 \ (x \neq 0) \quad |\cdot 3x$

$3 = x^2 - 3x \quad |-3$

$0 = x^2 - 3x - 3 \quad |$abc-Formel

$x_{1,2} = \frac{3 \pm \sqrt{9+12}}{2}$

$x_1 \approx -0{,}79; \quad x_2 \approx 3{,}79$

$S_1(-0{,}79\,|\,-1{,}26); \quad S_2(3{,}79\,|\,0{,}26)$

6

a), d) und e) haben keine Lösung.

b)

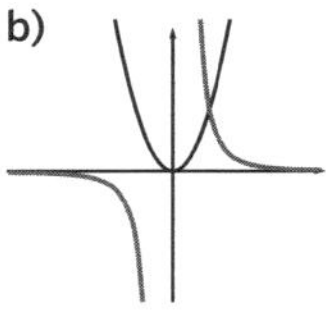

c)

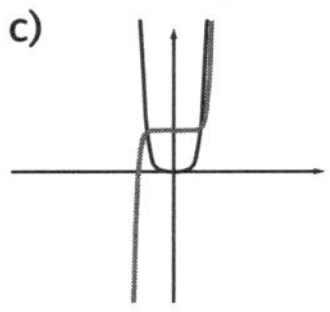

f)

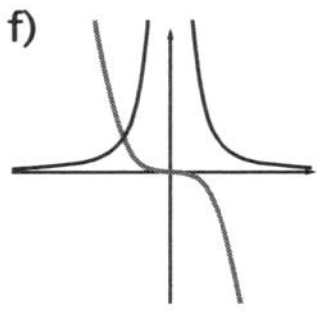

Potenzfunktionen | Merkzettel, Seite 44

■ **Text:** Grades; Parabel; Hyperbel; gerade; punktsymmetrisch

Beispiele: g: $x \to x^2$; f: $x \to 0{,}5x^2$; h: $x \to 2x^2$

g: $x \to x^{-8}$; f: $x \to 2 \cdot x^{-3}$; h: $x \to (-2) \cdot x^3$ i: $x \to 0{,}2 \cdot x^7$

achsensymmetrisch: g

punktsymmetrisch: f; h; i

■ **Text:** Winkelhalbierenden

Beispiele: a) $\bar{f}$: $y = \sqrt[5]{\frac{x}{0{,}2}}$ b) $\bar{g}$: $y = \frac{x-5}{2}$

■ **Beispiele:** $a = 0{,}1$; $\left(\frac{x}{a}\right)^{\frac{1}{2}} = \sqrt{\frac{x}{a}}$

■ **Text:**

a	n	L
■ > 0	gerade	$\{\sqrt[n]{a};\ -\sqrt[n]{a}\}$
■ > 0	ungerade	$\{\sqrt[n]{a}\}$
■ = 0	gerade	$\{0\}$
■ = 0	ungerade	$\{0\}$
■ < 0	gerade	$\{\ \}$
■ < 0	ungerade	$\{-\sqrt[n]{-a}\}$

Beispiele:

Gleichung	Lösungsgleichung	Lösung	Probe
■ $x^6 = 64$	$x = \pm\sqrt[6]{64}$	$L = \{-2;\ 2\}$	$2^6 = 64$ $(-2)^6 = 64$
■ $x^5 = 1024$	$x = \sqrt[5]{1024}$	$L = \{4\}$	$4^5 = 1024$
■ $x^8 = 0$	$x = \sqrt[8]{0}$	$L = \{0\}$	$0^8 = 0$
■ $x^3 = 0$	$x = \sqrt[3]{0}$	$L = \{0\}$	$0^3 = 0$
■ $x^4 = -1296$	keine	$L = \{\ \}$	keine
■ $x^5 = -243$	$x = \sqrt[5]{-243}$	$L = \{-3\}$	$(-3)^5 = -243$

Üben und Wiederholen | Training 2, Seite 45

1

a) $y = x^2 - 7$

b) $y = (x + 2{,}5)^2$

c) $y = \left(x + \frac{2}{5}\right)^2 + \frac{1}{3}$

d) $y = -(x - 4{,}2)^2$

2

a)

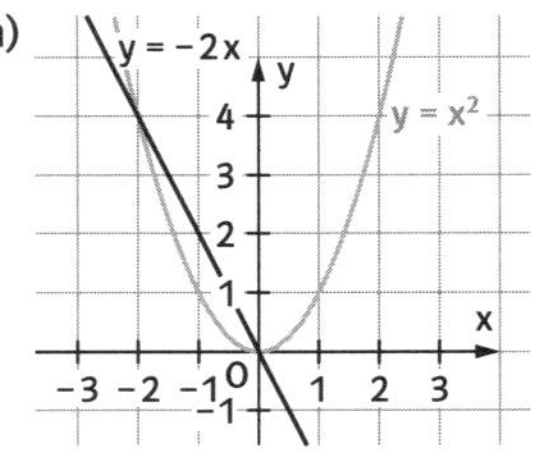

$y = -2x$

$x_1 \approx -2; \quad x_2 \approx 0$

b)

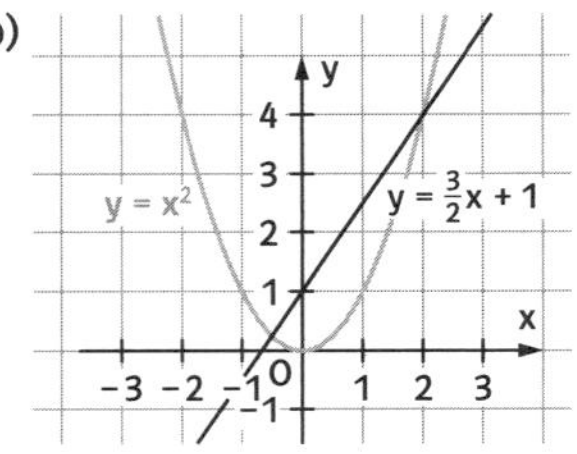

$x^2 = \frac{3}{2}x + 1$

$y = x^2$

$y = \frac{3}{2}x + 1$

$x_1 \approx -0{,}5; \quad x_2 \approx 2$

c)

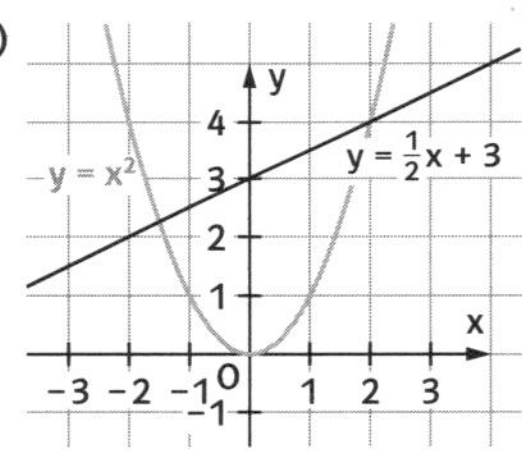

$x^2 = \frac{1}{2}x + 3$

$y = x^2$

$y = \frac{1}{2}x + 3$

$x_1 \approx -1{,}5; \quad x_2 \approx 2$

d)

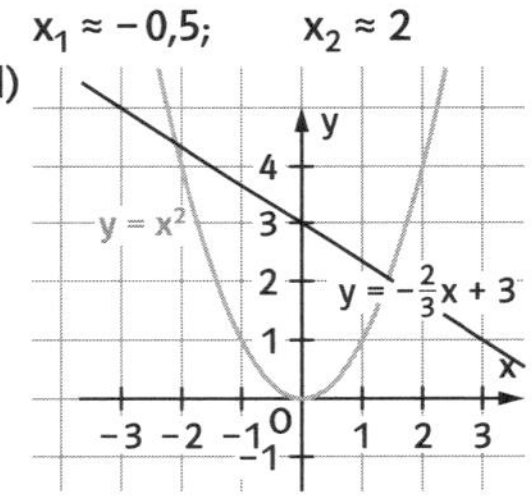

$x^2 = -\frac{2}{3}x + 3$

$y = x^2$

$y = -\frac{2}{3}x + 3$

$x_1 \approx -2{,}10; \quad x_2 \approx 1{,}4$

3

siehe Tabelle 1 auf Seite 17

4

a) Steigungswinkel $\alpha = 39°$; Steigung: 81,1%

b) neue Starthöhe: 73,7 m

c) Platzbedarf: mindestens 98,6 m

Üben und Wiederholen | Training 2, Seite 46

5

	Übersetzung der Einheit	wissenschaftliche Schreibweise	Dezimal-schreibweise
a)	Nanometer	$350 \cdot 10^{-9}$ m	0,000 000 350 m
b)	Millimeter	$0{,}12 \cdot 10^{-3}$ m	0,000 12 m
c)	Hektopascal	$350 \cdot 10^{2}$ Pa	35 000 Pa
d)	Kilometer	$11 \cdot 10^{3}$	11 000 m
e)	Megawatt	$18\,200 \cdot 10^{6}$	18 200 000 000 W

6

a) x b) $y^{-\frac{1}{8}} = \frac{1}{\sqrt[8]{y}}$ c) 6^z d) $r^{2,3}$ e) s^{13} f) 2

7

a) Wahrscheinlichkeit für dreimal „G“: $\frac{3}{6} \cdot \frac{2}{5} \cdot \frac{1}{4} = \frac{1}{20}$

Wahrscheinlichkeit für „GUT“: $\frac{3}{6} \cdot \frac{2}{5} \cdot \frac{1}{4} = \frac{1}{20}$

b) Wahrscheinlichkeit für „GUT“ mit Vertauschen: $6 \cdot \frac{1}{20} = \frac{3}{10}$

8

a)

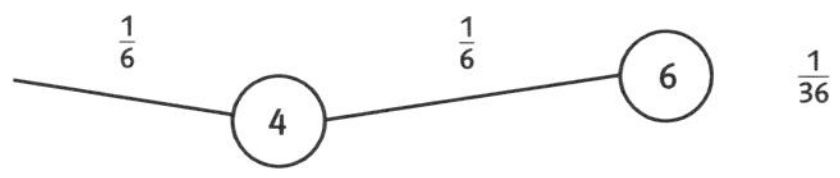

b)

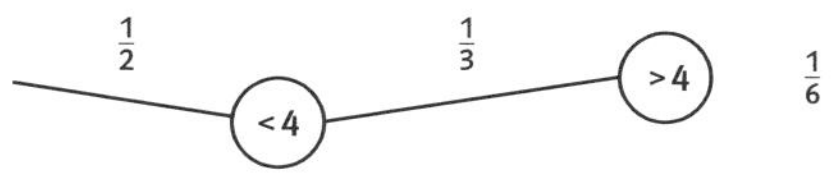

9

a) $P = \binom{8}{2} \cdot \left(\frac{1}{6}\right)^2 \cdot \left(\frac{5}{6}\right)^6 \approx 0{,}26$ b) $P = \binom{8}{6} \cdot \left(\frac{1}{6}\right)^6 \cdot \left(\frac{5}{6}\right)^2 \approx 0{,}0004$

c) $P = \binom{8}{4} \cdot \left(\frac{1}{6}\right)^4 \cdot \left(\frac{5}{6}\right)^4 \approx 0{,}026$ d) $P = \binom{8}{1} \cdot \frac{1}{6} \cdot \left(\frac{5}{6}\right)^7 \approx 0{,}372$

e) $P = \left(\frac{5}{6}\right)^8 \approx 0{,}233$

Projektionen. Mehrtafelprojektion, Seite 47

1

a)

A

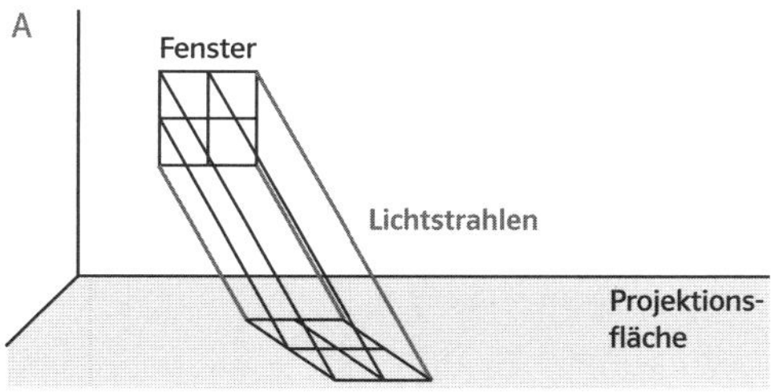

B

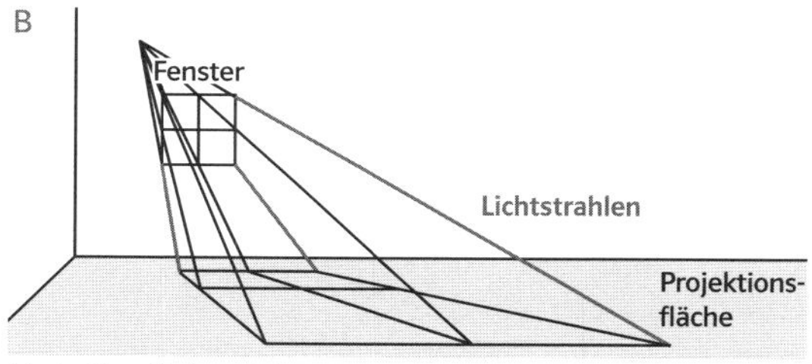

b) A: Parallelprojektion   B: Zentralprojektion

c) zu A:

- Parallele Geraden sind auch im Bild parallel.
- Parallele, gleich lange Strecken sind auch im Bild parallel und gleich lang.
- Mittelpunkte und andere Streckenunterteilungen bleiben auch im Bild Mittelpunkte oder Unterteilungen mit dem gleichen Verhältnis.
- Figuren, die parallel zur Bildebene liegen, werden auf kongruente Figuren abgebildet.

zu B:

- Parallele Geraden werden nicht auf parallele Geraden abgebildet (Ausnahme: Geraden, die zur Projektionsebene parallel verlaufen).
- Mittelpunkte und andere Streckenunterteilungen bleiben im Bild nicht Mittelpunkte oder Unterteilungen im gleichen Verhältnis.
- Die Projektionsgeraden schneiden sich in einem gemeinsamen Punkt, dem Fluchtpunkt Z.
- Figuren, die parallel zur Bildebene liegen, werden nicht auf kongruente Figuren abgebildet.

2

	a)	b)	c)	d)	e)	f)
AR (Aufriss)	6	4	1	5	3	2
GR (Grundriss)	2	5	3	1	6	4
SR (Seitenriss)	3	4 oder 6	4 oder 6	5	2	1

Schrägbilder, Seite 48

1

a) $\alpha = 20°$, $k = \frac{1}{2}$

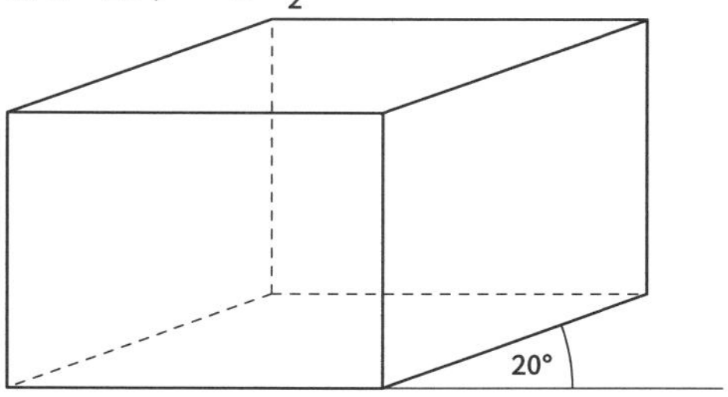

	Skizze	a	b	c	tan (β)	β	cos (α)	α	γ
a)	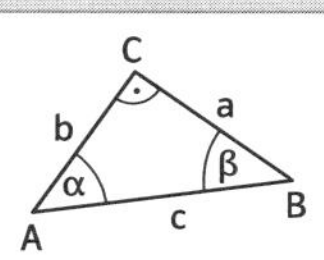	3 cm	3 cm	$3\sqrt{2}$ cm	1	45°	$\frac{1}{2} \cdot \sqrt{2}$	45°	90°
b)	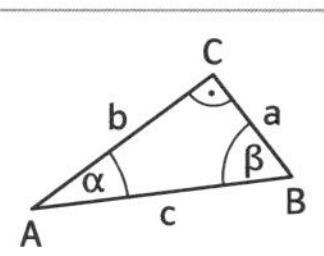	$\sqrt{6}$ cm	$3\sqrt{2}$ cm	$2\sqrt{6}$ cm	$\sqrt{3}$	60°	$\frac{1}{2}\sqrt{3}$	30°	90°

Tab. 1

b)

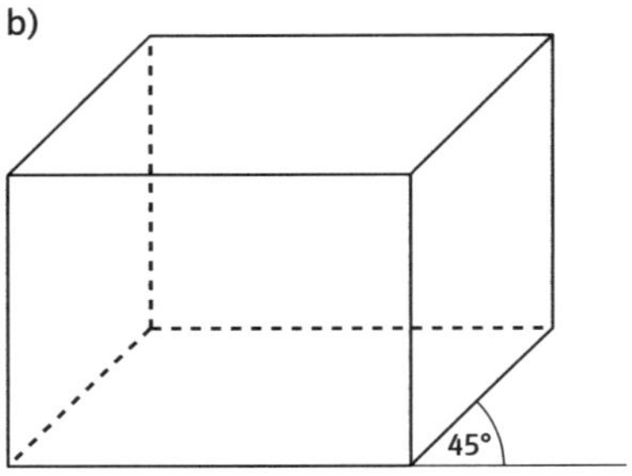

2

a)

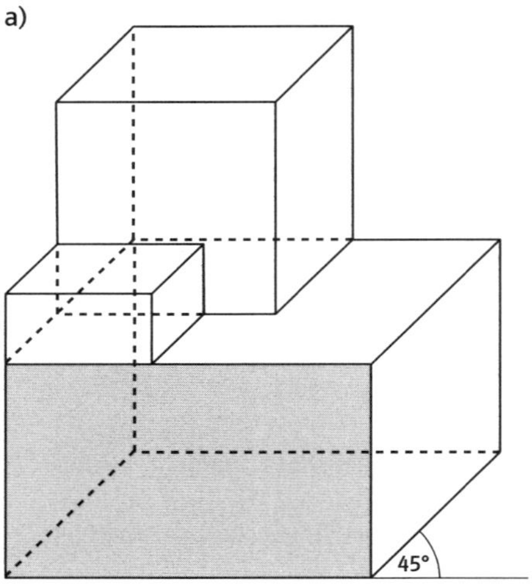

b)

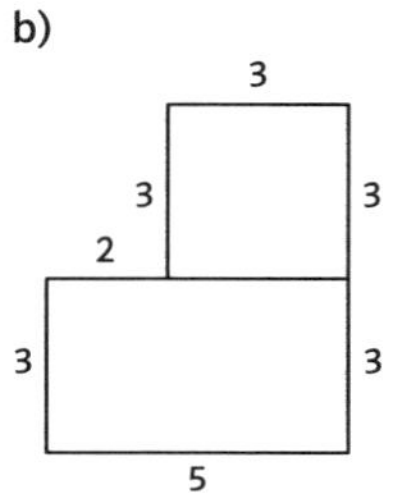

3

$\alpha = 45°$

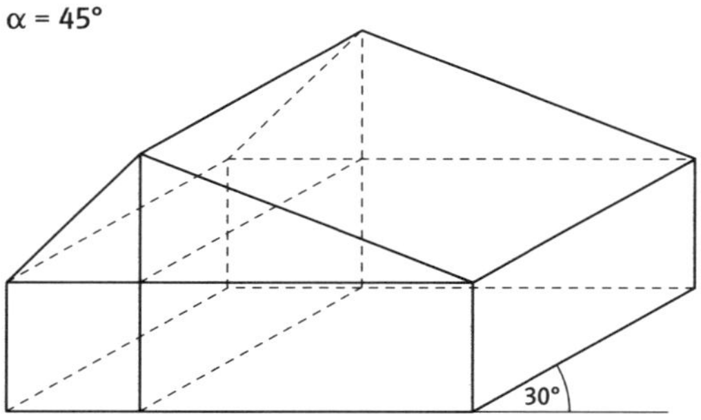

Die verkürzten Linien sind $\frac{2}{3} \cdot 5\,\text{cm} \approx 3{,}3\,\text{cm}$ lang.

Der Satz des Cavalieri, Seite 49

1

a) $V = 20\,\text{cm} \cdot 30\,\text{cm} \cdot 45\,\text{cm} = 27000\,\text{cm}^3 = 27\,\text{dm}^3$

b) $V = \frac{1}{3} \cdot (10\,\text{cm})^2 \cdot 45\,\text{cm} = 1500\,\text{cm}^3 = 1{,}5\,\text{dm}^3$

c) $V = 25\,\text{cm} \cdot 5\,\text{cm} \cdot 60\,\text{cm} = 7500\,\text{cm}^3 = 7{,}5\,\text{dm}^3$

d) $V = \pi \cdot (6\,\text{cm})^2 \cdot 15\,\text{cm} \approx 1696{,}46\,\text{cm}^3 \approx 1{,}7\,\text{dm}^3$

2

a) $V_A > V_B = V_C > V_D = V_E$

Alle Pyramidenhöhen sind gleich groß, deshalb kommt es nur auf die Größe der Grundflächen an.

b) $V_A = 6 \cdot a^3 = 6 \cdot (5\,\text{cm})^3 = 750\,\text{cm}^3$

$V_B = \frac{1}{3} \cdot 6a^3 = 2a^3 = 2 \cdot (5\,\text{cm})^3 = 250\,\text{cm}^3$

$V_C = V_B = 2a^3 = 250\,\text{cm}^3$

$V_D = a^3 = (5\,\text{cm})^3 = 125\,\text{cm}^3$

$V_E = V_D = a^3 = 125\,\text{cm}^3$

c) $V_A = 1 \cdot V_A$; $V_B = \frac{1}{3} \cdot V_A$; $V_C = \frac{1}{3} \cdot V_A$;

$V_D = \frac{1}{6} \cdot V_A$; $V_E = \frac{1}{6} \cdot V_A$

3

Nur Aussage (B) ist richtig:

(A) Gegenbeispiel: Zeichnet man in Aufgabe 2 bei den Pyramiden B und C auf gleicher Höhe Schnittflächen ein, so sind diese unterschiedlich.

(C) Gegenbeispiel: ein Zylinder und eine Sanduhr mit gleicher Grundfläche und Höhe

(D) Gegenbeispiel: ein Körper analog zu dem in Aufgabe 1c) mit quadratischem Grundriss

(E) Gegenbeispiel: ein Würfel und ein „verdrehter Würfel" (z. B. ein Zettelwürfel, der spiralig verdreht ist).

(F) Wenn einer der beiden Körper auf den Kopf gestellt wird, dann sind die Schnittflächen, z. B. zweier Pyramiden, nicht mehr gleich.

Pyramide und Kegel (1), Seite 50

1

a)

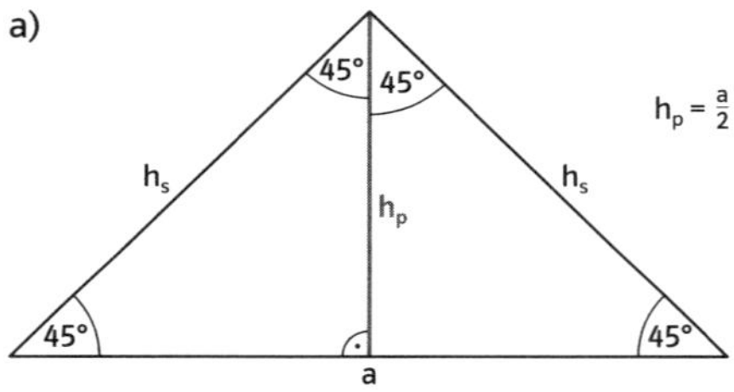

Höhe $h_s = \sqrt{\left(\frac{a}{2}\right)^2 + \left(\frac{a}{2}\right)^2} \approx 2{,}47\,\text{m}$; $A_s = \frac{a}{2} \cdot h_s \approx 4{,}32\,\text{m}^2$

b) Mantelfläche $M = 4 \cdot A_s \approx 17{,}28\,\text{m}^2$

c) $V = \frac{1}{3} \cdot a^2 \cdot h_p$ $h_p = \frac{a}{2} = 1{,}75\,\text{m}$

$V \approx 7{,}15\,\text{m}^3$

2

a) $d = \sqrt{a^2 + b^2} = \sqrt{6^2 + 10^2}\,\text{cm} \approx 11{,}66\,\text{cm}$

b) $h_a = \sqrt{h + \left(\frac{b}{2}\right)^2} \approx 9{,}43\,\text{cm}$; $h_b = \sqrt{h^2 + \left(\frac{a}{2}\right)^2} \approx 8{,}54\,\text{cm}$

c) $M = 2 \cdot \frac{1}{2} \cdot b \cdot h_b + 2 \cdot \frac{1}{2} \cdot a \cdot h_a = b \cdot h_b + a \cdot h_a \approx 142{,}04\,\text{cm}^2$

$O = M + G \approx 202{,}04\,\text{cm}^2$

d) $V = \frac{1}{3} \cdot a \cdot b \cdot h = \frac{1}{3} \cdot 6\,\text{cm} \cdot 10\,\text{cm} \cdot 8\,\text{cm} = 160\,\text{cm}^3$

e) Es gilt $\tan\alpha = 2 \cdot \frac{h}{b} = 1{,}6$, somit ist $\alpha \approx 58{,}0°$;

$\tan\beta = 2 \cdot \frac{h}{a} = \frac{8}{3}$, somit ist $\beta \approx 69{,}44°$.

3

a) $h_d = a \cdot \frac{\sqrt{3}}{2} = \frac{\sqrt{3}}{2} \cdot 2{,}50\,\text{m} \approx 2{,}17\,\text{m}$

b) $h_s = \sqrt{h^2 + h_d^2} = \sqrt{9^2 + 4{,}6875}\,\text{m} \approx 9{,}26\,\text{m}$

c) $M = 6 \cdot \frac{1}{2} \cdot a \cdot h_s = 3 \cdot a \cdot h_s \approx 69{,}43\,\text{m}^2$

Verbrauch: $1{,}08 \cdot 69{,}43\,\text{m}^2 \approx 74{,}98\,\text{m}^2$

d) Die Materialkosten betragen 7140,00 €.

Pyramide und Kegel (2), Seite 51

1

a) $V = \frac{1}{3} \cdot \pi \cdot (5\,cm)^2 \cdot 6{,}5\,cm \approx 170{,}17\,cm^3$

$O = \pi \cdot r^2 + \pi \cdot r \cdot s = \pi \cdot (5\,cm)^2 + \pi \cdot 5\,cm \cdot \sqrt{5^2 + 6{,}5^2}\,cm$
$\approx 207{,}35\,cm^2$

b) $V = \frac{1}{3} \cdot \pi \cdot (3r)^2 \cdot h = 9 \cdot \left(\frac{1}{3} \cdot \pi \cdot r^2 \cdot h\right) = 9 \cdot V$
Wenn man den Radius verdreifacht, so verneunfacht sich das Volumen.
$O = \pi \cdot (15\,cm)^2 + \pi \cdot 15\,cm \cdot \sqrt{15^2 + 6{,}5^2}\,cm \approx 1477{,}23\,cm^2$
Die Vergrößerung der Oberfläche, wenn man den Radius verdreifacht, ist nicht fest gegeben, da sie auch von der jeweiligen Höhe abhängig ist. Im oberen Fall ist die Oberfläche des neuen Kegels etwa 7-mal größer als die des ursprünglichen Kegels.

c) $\tan\left(\frac{\alpha}{2}\right) = \frac{5}{6{,}5}$; $\alpha \approx 75{,}14°$

2

siehe Tabelle 1

3

a) $O_{Doppelkegel} = M_{oberer\ Kegel} + M_{unterer\ Kegel}$
$M_{oberer\ Kegel} = \pi \cdot r \cdot s_1 = \pi \cdot 1{,}6 \cdot 2{,}96\,m^2 \approx 14{,}88\,m^2$

$M_{unterer\ Kegel} = \pi \cdot r \cdot s_2 = \pi \cdot 1{,}6 \cdot \sqrt{(1{,}6^2 + 2{,}1^2)}\,m^2 \approx 13{,}27\,m^2$

$O \approx 28{,}15\,m^2$
Es werden etwa $28{,}15\,m^2$ Stahlblech gebraucht.

b) α: $\sin\left(\frac{\alpha}{2}\right) = \frac{1{,}6}{2{,}96} \Longrightarrow \frac{\alpha}{2} \approx 32{,}72° \Longrightarrow \alpha \approx 65{,}44°$
β: $\sin\left(\frac{\beta}{2}\right) = \frac{1{,}6}{2{,}1} \Longrightarrow \frac{\beta}{2} \approx 37{,}30° \Longrightarrow \beta \approx 74{,}61°$

Kugel, Seite 52

1

	r	d	O	V
a)	10 cm	20 cm	$1256{,}64\,cm^2$	$4188{,}79\,cm^3$
b)	25 dm	50 dm	$7853{,}98\,dm^2$	$65\,449{,}85\,dm^3$
c)	4,00 mm	8,00 mm	$201{,}06\,mm^2$	$268{,}08\,mm^3$
d)	8,80 cm	17,60 cm	$973{,}14\,cm^2$	$2854{,}54\,cm^3$

2

a) $V_1 = \frac{4}{3} \cdot \pi \cdot (10\,cm)^3 \approx 4188{,}79\,cm^3$; $V_2 = \frac{4}{3} \cdot \pi \cdot (20\,cm)^3$
$\approx 33\,510{,}32\,cm^3$
$V = V_1 + V_2 \approx 37\,699{,}11\,cm^3$
Aus der Formel für das Volumen berechnet man den Radius $r \approx 20{,}8\,cm$; daraus berechnet man die Oberfläche $O \approx 5437{,}15\,cm^2$.
b) Die Kugel wiegt etwa $37\,699{,}11 \cdot 7{,}85\,g \approx 295\,938{,}0\,g \approx 296\,kg$.
Peter täuscht sich, er kann die Kugel nicht die Treppe hinauftragen.

3

Damit die Oberfläche und das Volumen die gleiche Maßzahl haben, muss gelten $4 \cdot \pi \cdot r^2 = \frac{4}{3} \cdot \pi \cdot r^3$ bzw. $r^2 = \frac{1}{3} \cdot r^3$ bzw. $r = 3$. Maria hat somit recht, das ist der Fall, wenn der Radius die Maßzahl 3 hat (also $r = 3\,cm$; $r = 3\,dm$ etc.).

4

Äußerer Radius der Kugel: $r_a = \frac{1}{2 \cdot \pi}\,cm \approx 0{,}159\,15\,cm$
$= 1{,}5915\,mm$
Innerer Radius der Kugel: $r_i \approx 1{,}59\,mm - 0{,}5\,mm = 1{,}09\,mm$
Volumen der Kugel: $V = V_a - V_i = \frac{4}{3}\pi\left(r_a^3 - r_i^3\right) \approx 11{,}439\,mm^3$
$1\,mm^3$ Gold wiegt 0,0193 g. Die Kugel wiegt somit
$11{,}439 \cdot 0{,}0193\,g \approx 0{,}22\,g$.

5

a) Aus $\frac{4}{3} \cdot \pi \cdot r^3 = 35\,000\,000\,km^3$ folgt $r \approx 202{,}92\,km$.
b) Pauls Behauptung ist viel zu niedrig.

Radius der Erde: $r_E = \frac{40\,000}{2\pi}\,km \approx 6366{,}198\,km$

Volumen der Erde: $V_E \approx 1{,}080\,76 \cdot 10^{12}\,km^3$
Volumen Erde + Wasser:
$V_{E+W} = V_E + 1{,}4 \cdot 10^9\,km^3 \approx 1{,}082\,16 \cdot 10^{12}\,km^3$
Radius (Erde + Wasser): $r_{E+W} \approx 6368{,}947\,km$
Das Wasser würde etwa $2{,}7488\,km = 2748{,}80\,m$ hoch auf der Erdkugel stehen.

Körper | Merkzettel, Seite 53

■ **Text:** Ebene; geraden

■ **Text:** Zentralprojektion; Aufriss; Grundriss
Beispiele: Strecken

■ **Beispiele:**

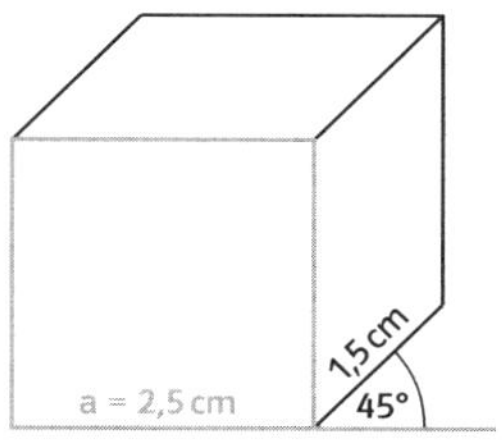

■ **Beispiele:** $V = \frac{1}{3} \cdot 3^2 \cdot 4 = 12\,cm^3$; $h_a = 4{,}27\,cm$;
$O = 34{,}62\,cm^2$

■ **Beispiele:** $V = \frac{1}{3} \cdot \pi \cdot 3^2 \cdot 4 \approx 37{,}7\,cm^3$; $M \approx 47{,}12\,cm^2$;
$O \approx 75{,}39\,cm^2$

■ **Beispiele:** $V = \frac{4}{3} \cdot \pi \cdot 2{,}5^3 \approx 65{,}45\,cm^3$
$O = 4 \cdot \pi \cdot 2{,}5^2 \approx 78{,}54\,cm^2$

Tabelle 1

	Ⓐ	Ⓑ	Ⓒ	Ⓓ
a)	gleichseitiges Dreieck	rechtwinkliges Dreieck	Quadrat	gleichseitiges Dreieck
b)	Kegel	Kegel	Zylinder	Doppelkegel
c)	$V = \frac{1}{24} \cdot \pi \cdot a^3 \cdot \sqrt{3} \approx 77{,}8\,cm^3$	$V = \frac{1}{3}\pi \cdot r^2 \cdot h \approx 18{,}85\,cm^3$	$V = \frac{1}{4} \cdot \pi \cdot a^3 \approx 98{,}17\,cm^3$	$V = \pi \cdot \frac{a^3}{4} \approx 98{,}17\,cm^3$

Sinusfunktion und Kosinusfunktion, Seite 54

1

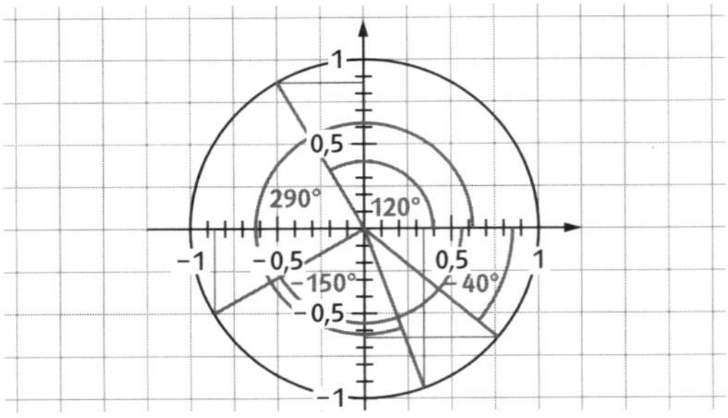

a) $\sin(120°) \approx 0{,}87$ b) $\cos(-150°) \approx -0{,}87$
c) $\cos(290°) \approx 0{,}34$ d) $\sin(-40°) \approx -0{,}64$

2

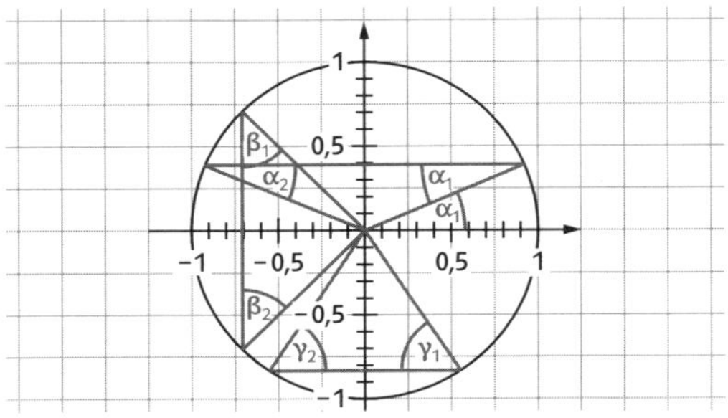

b) $\beta_1 = 134°$; $\beta_2 = 226°$ c) $\gamma_1 = 307°$; $\gamma_2 = 233°$

3

a) $\alpha_1 = 20°$; $\alpha_2 = 340°$ b) $\alpha_1 = 10°$; $\alpha_2 = 170°$
c) $\alpha_1 = 180°$; $\alpha_2 =$ --- d) $\alpha_1 = 270°$; $\alpha_2 =$ ---

4

a) $\alpha_1 = 43{,}4°$; $\alpha_2 = 136{,}6°$; $\alpha_3 = -316{,}6°$; $\alpha_4 = -223{,}4°$
b) $\alpha_1 = 106{,}9°$; $\alpha_2 = 253{,}1°$; $\alpha_3 = -253{,}1°$; $\alpha_4 = 106{,}9°$

5

1. Quartett: $\sin(180° - \alpha) = \cos(\alpha - 90°) = -\sin(-\alpha) = \sin(\alpha)$
2. Quartett: $\cos(360° - \alpha) = \cos(\alpha) = \sin(\alpha + 90°) = \cos(-\alpha)$
3. Quartett: $-\cos(-\alpha) = \cos(180° - \alpha) = \cos(180° + \alpha) = -\cos(\alpha)$
4. Quartett: $\sin(360° - \alpha) = -\sin(\alpha) = \sin(-\alpha) = \sin(180° + \alpha)$

6

weitere Paare sind:
„$\sin(\alpha) > 0$ und $\cos(\alpha) > 0$" gehört zu „$90° > \alpha > 0°$"
„$\cos(\alpha) < 0$" gehört zu „$90° < \alpha < 270°$"
„$\sin(\alpha) > 0$ und $\cos(\alpha) < 0$" gehört zu „$180° > \alpha > 90°$"

Sinussatz, Seite 55

1

a) Multiplikation mit b und Division durch $\sin(\alpha)$.
b) siehe Tabelle 1 (die Werte der Tabelle sind zum Großteil gerundet)

2

Von A nach G sind es etwa 21,12 km, von B nach G sind es etwa 15,55 km.
Rechenweg:
1. $\gamma = 180° - (41° + 63°) = 76°$
2. $\frac{23\,\text{km}}{\sin(76°)} \approx 23{,}7\,\text{km} = \frac{\overline{AG}}{\sin(63°)} = \frac{\overline{BG}}{\sin(41°)}$
3. $\overline{AG} \approx 21{,}12\,\text{km}$; $\overline{BG} \approx 15{,}55\,\text{km}$

3

a) $\gamma = 80°$; $\delta = 20°$; $\varepsilon = 120°$
b) 1. $\frac{\overline{AC}}{\sin(\beta)} = \frac{\overline{AB}}{\sin(\gamma)} \Longrightarrow \overline{AC} \approx 1{,}96\,\text{cm}$
2. $\frac{x}{\sin(\beta)} = \frac{\overline{AC}}{\sin(\delta)} \Longrightarrow x \approx 3{,}68\,\text{cm}$

4

a) Es gibt verschiedene Reihenfolgen; eine Lösung:
1: Berechne Winkel bei Q und P. 2: Berechne $\overline{AC}$.
3: Berechne $\overline{AQ}$ mit Sinussatz. 4: Berechne $\overline{AP}$ mit Sinussatz.
5: Berechne $\overline{AP} - \overline{AQ}$.
b) 1: $\varepsilon = 180° - 68° - 81° = 31°$; $\delta = 180° - 68° - 22° = 90°$
2: $\overline{AC} = 78\,\text{m} + 56\,\text{m} = 134\,\text{m}$
3: $\frac{\overline{AQ}}{\sin(\gamma)} = \frac{\overline{AC}}{\sin(90°)}$; $\overline{AQ} \approx 50{,}2\,\text{m}$
4: $\frac{\overline{AP}}{\sin(\beta)} = \frac{\overline{AB}}{\sin(31°)}$; $\overline{AP} \approx 149{,}6\,\text{m}$
5: $x = \overline{AP} - \overline{AQ} = 99{,}4\,\text{m}$

Kosinussatz, Seite 56

1

a) $a^2 = b^2 + c^2 - 2bc \cdot \cos(\alpha) \approx 14{,}1\,\text{cm}^2$; $a \approx 3{,}8\,\text{cm}$
$\frac{a}{\sin(\alpha)} = \frac{3\,\text{cm}}{\sin(\gamma)} = \frac{4\,\text{cm}}{\sin(\beta)} \Longrightarrow \sin(\gamma) = 0{,}71$; $\gamma \approx 45{,}4°$
$\beta = 180° - (\alpha + \gamma) \approx 71{,}6°$
b) $a^2 = b^2 + c^2 - 2bc \cdot \cos(\alpha)$; $\cos(\alpha) = \frac{b^2 + c^2 - a^2}{2bc}$
Also $\cos(\alpha) = \frac{11}{14}$; $\alpha \approx 38{,}2°$
entsprechend $\cos(\beta) = \frac{a^2 + c^2 - b^2}{2ac} = \frac{13}{14}$; $\beta \approx 21{,}8°$
$\gamma = 180° - (\alpha + \beta) \approx 120°$

2

$\alpha = 110°$; $\beta = 70°$; $\gamma = 110°$
$a^2 = (3\,\text{cm})^2 + (3\,\text{cm})^2 - 2 \cdot 3\,\text{cm} \cdot 3\,\text{cm} \cdot \cos(110°) \approx 24{,}2\,\text{cm}^2$;
$a \approx 4{,}9\,\text{cm}$
$b^2 = (3\,\text{cm})^2 + (2\,\text{cm})^2 - 2 \cdot 3\,\text{cm} \cdot 2\,\text{cm} \cdot \cos(70°) \approx 8{,}9\,\text{cm}^2$;
$b \approx 3{,}0\,\text{cm}$
$c^2 = (2\,\text{cm})^2 + (2\,\text{cm})^2 - 2 \cdot 2\,\text{cm} \cdot 2\,\text{cm} \cdot \cos(110°) \approx 10{,}7\,\text{cm}^2$;
$c \approx 3{,}3\,\text{cm}$

3

a) 1: Berechne e mit dem Kosinussatz.
2: Berechne α_1 und γ mit dem Sinus- oder Kosinussatz.
3: Berechne a mit dem Kosinussatz.
4: Berechne α_2 und β mit dem Sinus- oder Kosinussatz.

Tabelle 1

	a	b	c	$\sin(\alpha)$	$\sin(\beta)$	$\sin(\gamma)$	α	β	γ	$\frac{a}{\sin(\alpha)} = \frac{b}{\sin(\beta)} = \frac{c}{\sin(\gamma)}$
(1)	3,2 cm	2,1 cm	2,2 cm	0,99	0,64	0,67	98°	40°	42°	3,2 cm
(2)	5,2 cm	8,2 cm	5,4 cm	0,63	0,98	0,65	38,7°	101°	40,3°	8,4 cm
(3)	4,5 cm	5,0 cm	3,6 cm	0,87	0,97	0,7	60°	75,6°	44,4°	5,1 cm

b) 1) $e^2 = d^2 + c^2 - 2dc \cdot \cos(106°) \approx 24{,}4\,cm^2$; $c \approx 4{,}9\,cm$

2) $\frac{\sin(\alpha_1)}{c} = \frac{\sin(106°)}{e}$; $\alpha_1 \approx 51{,}7°$; $\frac{\sin(\gamma)}{d} = \frac{\sin(106°)}{e}$;
$\gamma \approx 22{,}3°$

3) $a^2 = e^2 + b^2 - 2e \cdot b \cdot \cos(70°)$; $a \approx 5{,}2\,cm$

4) $\frac{\sin(\alpha_2)}{b} = \frac{\sin(70°)}{a}$; $\alpha_2 \approx 46{,}3°$;

$\beta = 180° - (\alpha_2 + 70°) \approx 63{,}7°$

4

etwa 47m;
$(S_2)^2 = (S_1)^2 + \overline{AB}^2 - 2 \cdot S_1 \cdot \overline{AB} \cdot \cos(30°) \Longrightarrow S_2 \approx 47\,m$

Dreiecksberechnungen, Seite 57

1

a) Sinussatz: $\frac{a}{c} = \frac{\sin(\alpha)}{\sin(\gamma)}$; $\frac{\sin(\beta)}{\sin(\alpha)} = \frac{b}{a}$;
$\frac{c}{\sin(\gamma)} = \frac{b}{\sin(\beta)} = \frac{a}{\sin(\alpha)}$

Kosinussatz: $a^2 = b^2 + c^2 - 2bc \cdot \cos(\alpha)$;
$b^2 = a^2 + c^2 - 2ac \cdot \cos(\beta)$; $c^2 = a^2 + b^2 - 2ab \cdot \cos(\gamma)$

b) A: sws und Kosinussatz; B: sss und Kosinussatz;
C: Ssw und Sinussatz; D: wsw und Sinussatz (zunächst Winkelsummensatz)

2

a) 1: Berechne b mit dem Kosinussatz.
2: Bestimme die Innenwinkel des Dreiecks DAC mit z. B. dem Sinus- und dem Winkelsummensatz.
3: Bestimme die Innenwinkel des Dreiecks ABC.
4: Berechne a und c z. B. mit dem Sinussatz.

b)

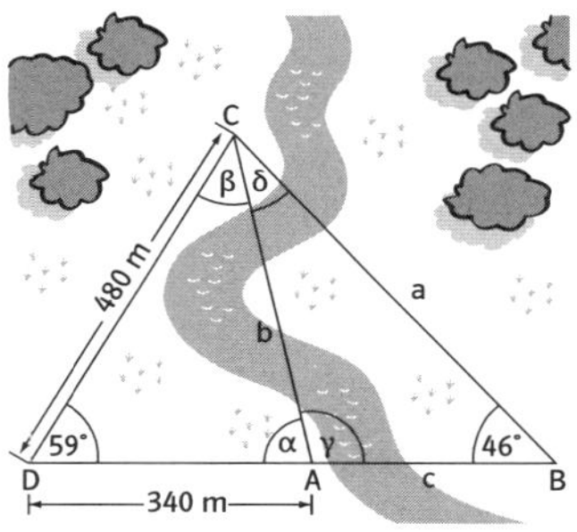

1) $b^2 = (480\,m)^2 + (340\,m)^2 - 2 \cdot 480\,m \cdot 340\,m \cdot \cos(59°)$;
$b \approx 422\,m$

2) $\frac{\sin(\alpha)}{480\,m} = \frac{\sin(59°)}{b}$; $\alpha \approx 77°$; $\beta = 180° - (\alpha + 59°) \approx 44°$

3) $\gamma = 180° - \alpha = 103°$; $\delta = 180° - (\gamma + 46°) \approx 31°$

4) $\frac{a}{\sin(\gamma)} = \frac{b}{\sin(46°)}$; $a \approx 572\,m$ und $\frac{c}{\sin(\delta)} = \frac{b}{\sin(46°)}$;
$c \approx 302\,m$

3

$\frac{\overline{BH}}{\sin(\alpha)} = \frac{\overline{AB}}{\sin(9°)}$; $\overline{BH} \approx 74{,}78\,m$;
$\sin(\beta) = \frac{h}{\overline{BH}}$; $h = \overline{BH} \cdot \sin(\beta) \approx 54{,}69\,m$

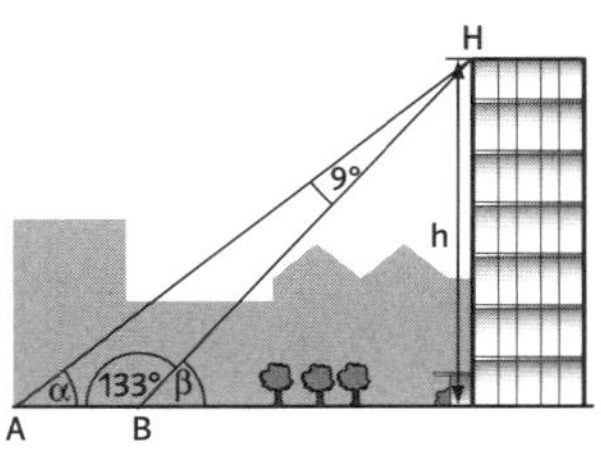

Höhe des Hochhauses: etwa 54,7m

Trigonometrische Funktionen – Bogenmaß, Seite 58

1

a)

Gradmaß α	0°	30°	45°	60°	90°	120°	135°	180°	270°	360°
Bogenmaß x	0	$\frac{\pi}{6}$	$\frac{\pi}{4}$	$\frac{\pi}{3}$	$\frac{\pi}{2}$	$\frac{2\pi}{3}$	$\frac{3}{4}\pi$	π	$\frac{3}{2}\pi$	2π

b) $x = \alpha \cdot \frac{2\pi}{360°} = \alpha \cdot \frac{\pi}{180°}$ bzw. $\alpha = x \cdot \frac{360°}{2\pi} = x \cdot \frac{180°}{\pi}$

c)

Gradmaß α	−240,64°	−60°	−12°	1°	18°	36°
Bogenmaß x	−4,2	$-\frac{\pi}{3}$	$-\frac{\pi}{15}$	$\frac{\pi}{180}$	$\frac{\pi}{10}$	$\frac{\pi}{5}$

Gradmaß α	46°	97,40°	191°	310°
Bogenmaß x	0,8	1,7	3,33	$\frac{31\pi}{18}$

2

a) $\sin\left(\frac{\pi}{2}\right) = 1$ b) $\cos\left(\frac{2\pi}{3}\right) = -0{,}5$

c) $\cos\left(-\frac{\pi}{4}\right) = \frac{1}{2}\sqrt{2}$ d) $\sin\left(-\frac{\pi}{6}\right) = -0{,}5$

3

a) $x_1 = \frac{5}{4}\pi$; $x_2 = \frac{7}{4}\pi$ b) $x = \pi$

4

a) Periodenlänge 2π, d. h. für jede ganze Zahl $k \in \mathbb{Z}$ gilt
$\sin(x + k \cdot 2\pi) = \sin(x)$ bzw. $\cos(x + k \cdot 2\pi) = \cos(x)$.

b) $\sin(5\pi) = 0$; $\cos\left(-\frac{11}{2}\pi\right) = 0$;
$\sin\left(\frac{11}{4}\pi\right) = \frac{1}{2}\sqrt{2}$; $\cos\left(\frac{31\pi}{6}\right) = -\frac{\sqrt{3}}{2}$

c) $x \approx 0{,}6 + k \cdot 2\pi$ oder $x \approx 2{,}5 + k \cdot 2\pi$;
$x \approx 1{,}9 + k \cdot 2\pi$ oder $x \approx -1{,}9 + k \cdot 2\pi$

d) $x_1 = -\frac{7\pi}{4}$; $x_2 = -\frac{3\pi}{4}$; $x_3 = \frac{\pi}{4}$; $x_4 = \frac{5\pi}{4}$;
$x_1 = -\frac{5\pi}{4}$; $x_2 = -\frac{\pi}{4}$; $x_3 = \frac{3\pi}{4}$; $x_4 = \frac{7\pi}{4}$

5

a) $x_1 \approx 1{,}02 + k \cdot 2\pi$; $x_2 \approx 2{,}12 + k \cdot 2\pi$
b) $x_1 \approx 1{,}97 + k \cdot 2\pi$; $x_2 \approx 4{,}31 + k \cdot 2\pi$
c) keine Lösung, da $\sin(x) \in [-1; 1]$
d) keine Lösung, da $\cos(x) \in [-1; 1]$

6

a) $\cos(9) \approx -0{,}91$ b) $\sin(-6{,}3) \approx -0{,}02$

Trigonometrische Funktionen | Merkzettel, Seite 59

Text: Sinuswerte; $\frac{a}{b} = \frac{\sin(\alpha)}{\sin(\beta)}$; $\frac{b}{c} = \frac{\sin(\beta)}{\sin(\gamma)}$; $\frac{a}{c} = \frac{\sin(\alpha)}{\sin(\gamma)}$

Beispiele: $\frac{a}{b} = \frac{\sin(\alpha)}{\sin(\beta)}$; $\sin(\alpha) = a \cdot \frac{\sin(\beta)}{b}$;
$\sin(\alpha) = 0{,}78$; $\alpha = 51°$

Text: $a^2 = b^2 + c^2 - 2bc \cdot \cos(\alpha)$; $b^2 = a^2 + c^2 - 2ac \cdot \cos(\beta)$;
$c^2 = a^2 + b^2 - 2ab \cdot \cos(\gamma)$

Beispiele: $c^2 = a^2 + b^2 - 2ab \cdot \cos(\gamma) = 32{,}02$; $c = 5{,}66\,cm$

Text: sss; Ssw; sws; wsw

Beispiele:

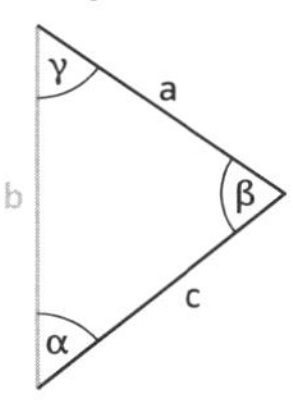

$c = \sqrt{a^2 + b^2 - 2ab \cdot \cos(\gamma)} = 2{,}64\,cm$
$\sin(\alpha) = \frac{a}{c} \cdot \sin(\gamma)$
$\alpha = 51°$

■ **Text:** $f(x + p)$; 2π; Bogenmaß; $\frac{x}{2\pi} = \frac{\alpha}{360°}$; $\sin(\pi - x)$; $\cos(2\pi - x)$

Beispiele: $x_1 = \frac{2}{3}\pi$; $x_2 = \frac{3}{4}\pi$; $x_1 = \frac{\pi}{3}$; $x_2 = \frac{2}{3}\pi$

Üben und Wiederholen | Training 3, Seite 60

1

b) $y = (x + 7)^2 - 49$

c) $y = 2(x - 1)^2 + 20$

d) $y = -\frac{1}{2}\left(x + \frac{1}{4}\right)^2 + \frac{1}{32}$

2

a) $p = -2$; $q = 1$
$x_{1,2} = 1 \pm \sqrt{1 - 1} = 1$
$x_1 = 1$ (ist die einzige Lösung)
b) $z^2 + 8z + 15 = 0$
$p = 8$; $q = 15$
$z_{1,2} = -4 \pm \sqrt{16 - 15} = -4 \pm 1$
$z_1 = -5$; $z_2 = -3$
c) $-2x^2 - 7x + 4 = 0$
$x^2 + 3{,}5x - 2$
$p = 3{,}5$; $q = -2$
$x_{1,2} = -1{,}75 \pm \sqrt{3{,}0625 + 2}$
$x_1 = -4$ und $x_2 = 0{,}5$

3

$\frac{b}{8\,m} = \tan(\alpha) = \tan(43°) = 0{,}9325$; also $b = 7{,}46\,cm$

4

a) $\cos(45°) = \sin(45°)$

b) $\sin(10°) = \cos(80°)$

c) $\cos(30°) = \sin(60°)$

d) $\sin(30°) < \sin(60°)$

e) $\tan(21°) = \frac{\sin(21°)}{\cos(21°)}$

f) $\sin(15°) - \cos(75°) = 0$

g) $\sin^2(9°) + \cos^2(9°) = 1$

h) $\tan(45°) = \cos(0°)$

5

a) $\sin(80°) \approx 0{,}98$

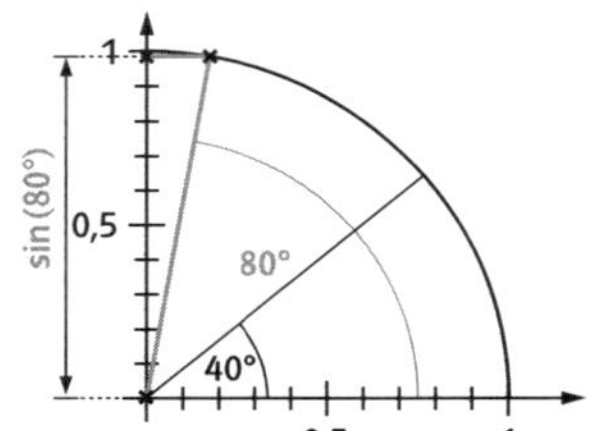

b) $\cos(50°) \approx 0{,}64$

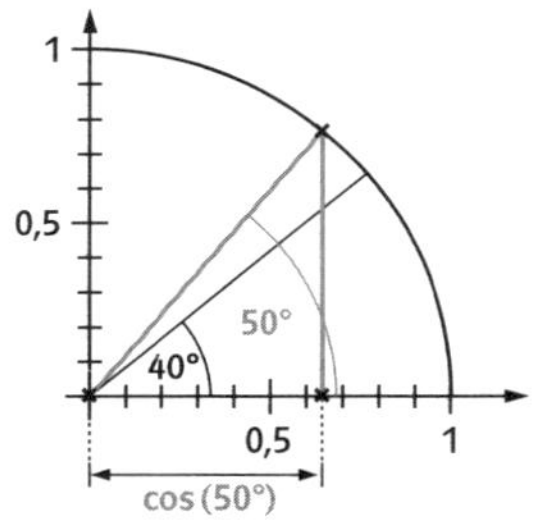

c) $\tan(30°) \approx 0{,}58$

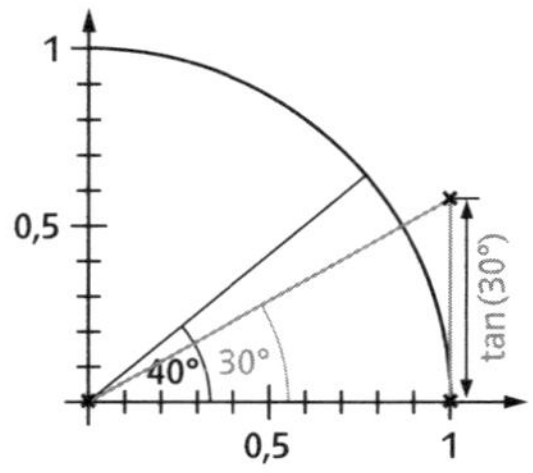

Üben und Wiederholen | Training 3, Seite 61

6

a) $a^2 \cdot a^{-3} = a^{-1}$

b) $(b^5)^2 = b^{10}$

c) $\frac{c^4}{c^{-2}}$

d) $(d^{-2})^3$

e) $r^8 \cdot r^{-3} = r^5$

f) $s^{-2} : s^5 = s^{-7}$

7

$7^{-\frac{4}{5}} = \sqrt[5]{7^{-4}} = \sqrt[5]{\left(\frac{1}{7^4}\right)}$

$7^{0,8} = 7^{\frac{4}{5}} = \sqrt[5]{7^4} = \left(\sqrt[5]{7}\right)^4$

$-7^{\frac{4}{5}} = -\sqrt[5]{7^4}$

$7^{-\frac{5}{4}} = \sqrt[4]{7^{-5}} = \left(\sqrt[4]{\frac{1}{7^5}}\right)$

8

a) $(14a^2) : (7a^2) = 2$

b) $\frac{8}{4} \cdot \frac{u^2 \cdot v^5}{u \cdot v^6} = 2uv^{-1}$

c) $\frac{12}{4} \cdot \frac{x}{x^5} \cdot \frac{y^6}{y^3} = 3x^{-4}y^3$

9

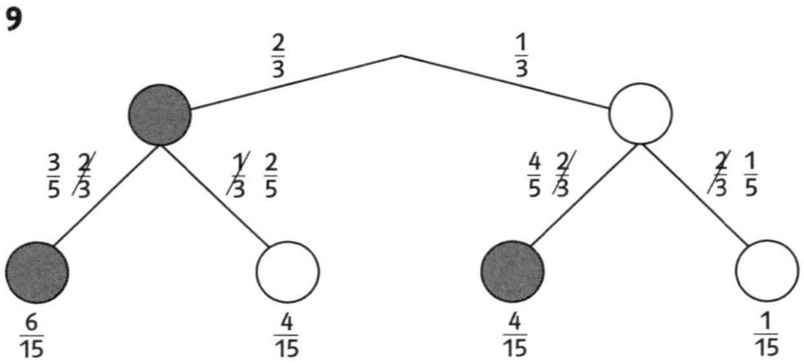

10

a) 0,29

b) $\frac{\binom{4}{0} \cdot \binom{28}{10}}{\binom{32}{10}} \approx 0{,}2$

c) $\frac{\binom{16}{10} \cdot \binom{16}{0}}{\binom{32}{10}} \approx 0{,}0001$

11

a) $B_{10;\frac{1}{2}}(5) \approx 0{,}25$

b) $B_{10;\frac{1}{12}}(3) \approx 0{,}04$

c) $B_{10;\frac{7}{12}}(0) \approx 0{,}00015$

12

$5! = 120$ Möglichkeiten; Wahrscheinlichkeit $P = \frac{1}{120} \approx 0{,}83\,\%$

Üben und Wiederholen | Training 3, Seite 62

13

Potenzfunktionen sind a: $x \longrightarrow 5x^4$, c: $x \longrightarrow 1^{\sqrt{x}} = 1$ (für $x \geqq 0$) und d: $x \longrightarrow x^3 \cdot \sqrt{x} = x^{3,5}$

14

$P(0{,}5\,|\,4)$ und $Q\left(4\,|\,\frac{1}{1024}\right)$

15

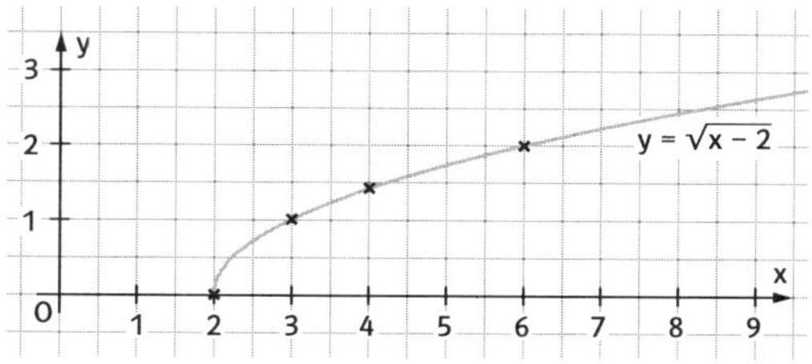

x	$\sqrt{x-2}$
2	0
3	1
4	1,41
6	2

Definitionsbereich: $x \geqq 2$

16

a) $L = \{0\}$ b) $L = \left\{\frac{4}{3}; -\frac{2}{3}\right\}$ c) $L = \left\{\frac{1}{2}\right\}$

d) $L = \{-\sqrt[4]{125} \mid \sqrt[4]{125}\}$

17

a) $r \approx 2{,}82\,m$ $V \approx 94{,}03\,m^3$

18

1: C, III, b 2: E, VI, f 3: B, IV, d 4: D, I, c

Üben und Wiederholen | Training 3, Seite 63

19

a) ein Kegelstumpf

b)

$V = V_1 - V_2 = \frac{1}{3} \cdot \pi \cdot r_1^2 \cdot h_1 - \frac{1}{3} \cdot \pi \cdot r_2^2 \cdot (h_1 - h)$

Berechung von h_1 (mithilfe des Strahlensatzes):

$\frac{r_1}{r_2} = \frac{h_1}{h_1 - h}$, daraus folgt

$h_1 = h \cdot \frac{r_1}{r_1 - r_2} = 6\,cm \cdot \frac{4\,cm}{4\,cm - 2\,cm} = 12\,cm$

$V = \frac{1}{3} \cdot \pi \cdot [(4\,cm)^2 \cdot 12\,cm - (2\,cm)^2 \cdot 6\,cm]$

$\approx 175{,}33\,cm^3$

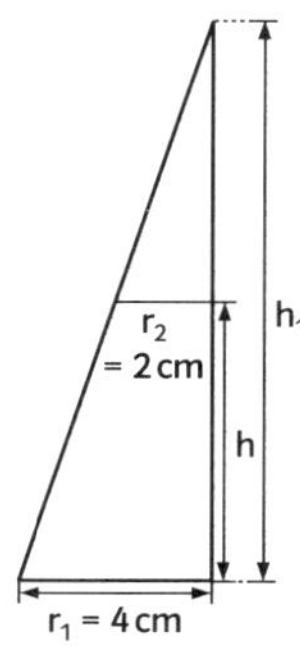

20

$V_{Schale} = \frac{1}{2} \cdot \frac{4}{3} \cdot \pi \cdot (32\,cm)^3$

Es gilt $V_{Schale} = V_{Flüssigkeit\ im\ Zylinder}$, d.h.

$\frac{2}{3} \cdot \pi \cdot (32\,cm)^3 = \pi \cdot (32\,cm)^2 \cdot h_{Flüssigkeit}$

Daraus folgt $h_{Flüssigkeit} = \frac{2}{3} \cdot 32\,cm \approx 21{,}3\,cm$.

Die Flüssigkeit steht im Zylinder 21,3 cm hoch.

21

a) $b^2 = 4^2 + 3{,}1^2 - 2 \cdot 3{,}1 \cdot 4 \cdot \cos(50°)$; $b \approx 3{,}11\,cm$

$\sin(\alpha) = \frac{4 \cdot \sin(50°)}{3{,}11}$; $\alpha \approx 80{,}21°$

$\gamma = 180° - \alpha - \beta \approx 49{,}79°$

b) $\alpha = 180° - 38° - 80° = 62°$

$\frac{c}{b} = \frac{\sin(\gamma)}{\sin(\beta)}$; $c \approx 4{,}13\,cm$

$\frac{b}{c} = \frac{\sin(\beta)}{\sin(\gamma)}$; $b \approx 2{,}58\,cm$

22

$\alpha = 33°$; $\beta = 52°$

$\overline{AC} = d$; $\frac{d}{\sin(95°)} = \frac{3\,cm}{\sin(33°)}$; $d \approx 5{,}49\,cm$

$\frac{x}{d} = \sin(38°)$; $x \approx 3{,}38\,cm$

23

a) $\alpha_1 = -21{,}6°$ $\alpha_2 = -158{,}4°$ $\alpha_3 = 201{,}6°$ $\alpha_4 = 338{,}4°$

b) $\alpha_1 = -298{,}9°$ $\alpha_2 = -61{,}1°$ $\alpha_3 = 61{,}1°$ $\alpha_4 = 298{,}9°$

24

a) -1 b) $-\frac{\sqrt{3}}{2}$ c) $\frac{1}{2}$ d) $-\frac{\sqrt{2}}{2}$

25

a) $x_1 = 5{,}894 + k \cdot 2\pi$; $x_2 = 3{,}530 + k \cdot 2\pi$

b) $x_1 = 1{,}377 + k \cdot 2\pi$; $x_2 = 4{,}906 + k \cdot 2\pi$

Beilage zum Arbeitsheft Lambacher 9

ISBN: 978-3-12-734796-8
ISBN: 978-3-12-734795-1

Internetadresse: www.klett.de

Zeichnungen/Illustrationen: druckmedienzentrum GmbH, Gotha; media office gmbh, Kornwestheim; Dorothee Wolters, Köln
DTP/Satz: media office gmbh, Kornwestheim

1 Du ziehst jeweils eine Kugel aus dem Behälter.
Gib die Wahrscheinlichkeit an, eine orange Kugel zu ziehen.

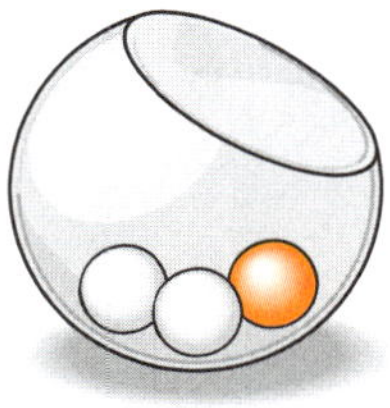 ______ 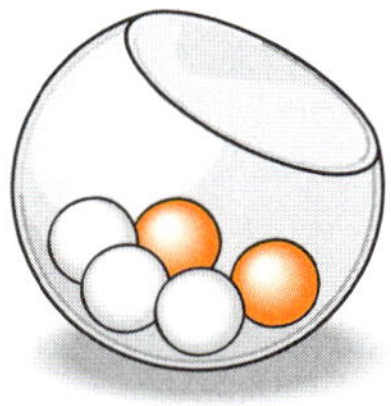 ______ 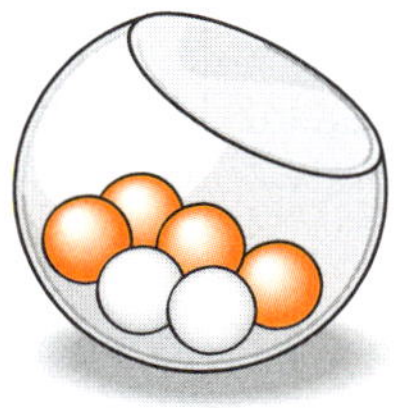 ______ 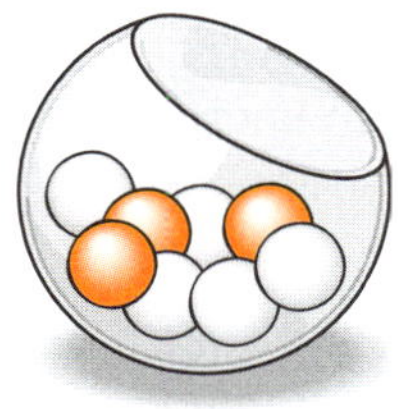 ______

2 Wie groß sind die Wahrscheinlichkeiten,

a) die Zahlen 1 oder 5 zu würfeln?

____

b) die Zahlen 2, 4, 3 oder 5 zu würfeln?

____

c) mit einem 12-seitigen Würfel eine 1, 2, 3 oder 4 zu würfeln?

____

d) bei dem Glücksrad eine 3 oder 4 zu drehen?

____

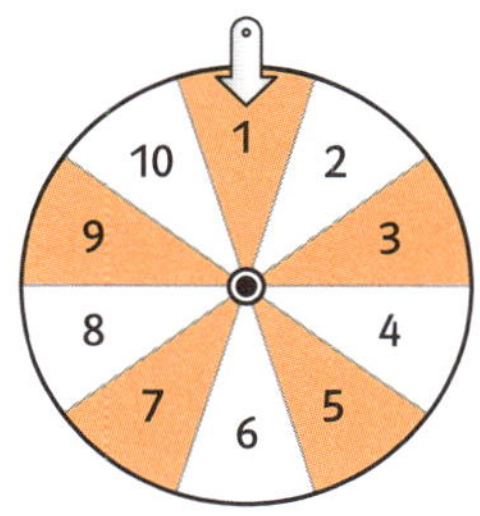

e) bei dem Glücksrad eine Zahl, die größer als 5 ist, zu drehen?

____

3 Hier siehst du ein Glücksrad. Hanno gewinnt, wenn eine kleinere Zahl als 4 kommt, Jörg gewinnt bei den anderen Zahlen.

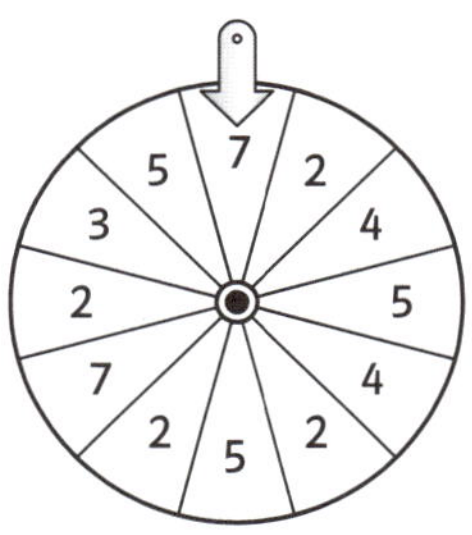

a) Male Hannos Gewinnfelder rot an und die von Jörg blau.

b) ______________ hat die besseren Gewinnchancen.

Die Wahrscheinlichkeit beträgt für ihn ______ .

Die Wahrscheinlichkeit für einen Gewinn von ______________

beträgt ______ .

4 Du würfelst mit dem Dodekaeder, auf dem die Zahlen von eins bis zwölf sind. Berechne die einzelnen Wahrscheinlichkeiten.

a) Die Wahrscheinlichkeit, eine gerade Zahl zu würfeln, beträgt ______ .

b) Die Wahrscheinlichkeit, mindestens eine Fünf zu würfeln, beträgt ______________ .

c) Die Wahrscheinlichkeit, keine Zehn zu würfeln, beträgt ____________ .

d) Die Wahrscheinlichkeit, mindestens eine Vier und höchstens eine Acht zu würfeln, beträgt ____________ .

5 In einer Klasse sind 17 Mädchen und 11 Jungen. Der Fußballverein des Ortes hat der Klasse eine Freikarte für das nächste Heimspiel zur Verfügung gestellt. Diese soll jetzt verlost werden. Dazu haben die Kinder ihre Namen auf Zettel geschrieben.

a) Die Wahrscheinlichkeit dafür, dass die Freikarte an einen Jungen geht,

beträgt ____________ .

b) Die Wahrscheinlichkeit dafür, dass die Freikarte von einem Mädchen gewonnen wird, beträgt ____________ .

1 In der Voliere einer Tierhandlung befinden sich verschiedenfarbige Papageien. Es sind fünf überwiegend blaue, drei grüne und vier rote Tiere. Zwei zufällig ausgewählte Vögel werden verkauft.

a) Fülle den Baum aus und berechne die einzelnen Wahrscheinlichkeiten.

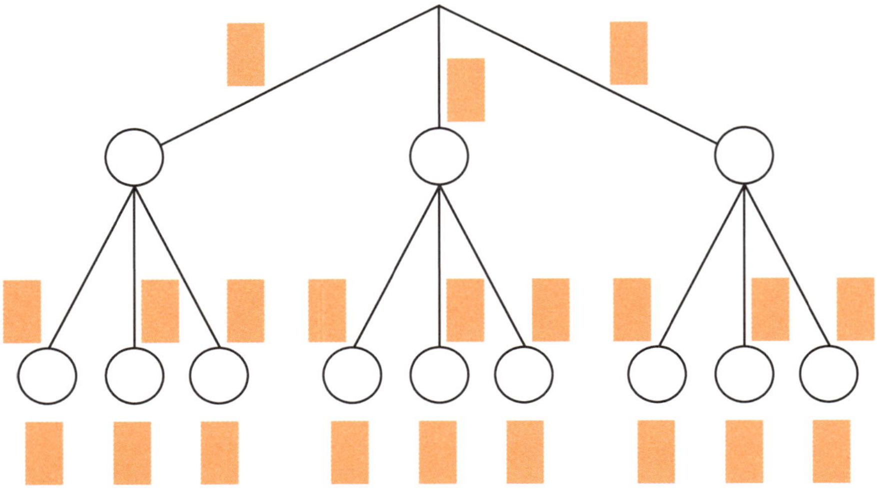

b) Wie groß ist die Wahrscheinlichkeit für den Kunden, dass er einen roten und einen blauen Papagei erhält?

c) Wie groß ist die Wahrscheinlichkeit, dass er zwei verschiedenfarbige Papageien erhält?

d) Wie groß ist die Wahrscheinlichkeit, dass mindestens ein grüner Papagei ausgewählt wird?

2 Es wird dreimal eine 1-Euro-Münze geworfen. Wie groß ist die Wahrscheinlichkeit für genau zweimal Kopf? Löse diese Aufgabe mithilfe des Baumdiagramms.

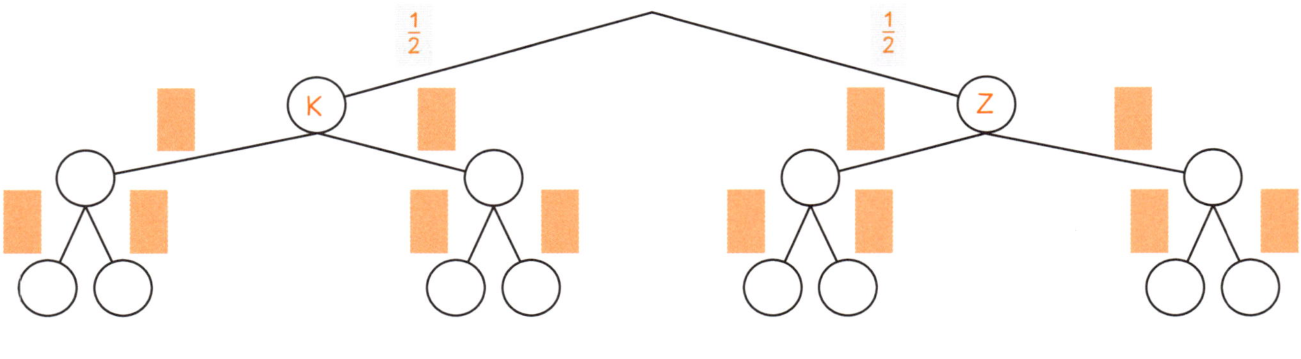

Die Wahrscheinlichkeit, bei drei Würfen genau zweimal Kopf zu erhalten, beträgt ______ .

3 Der Würfel mit diesem Netz wird zweimal geworfen. Wie groß ist die Wahrscheinlichkeit dafür,

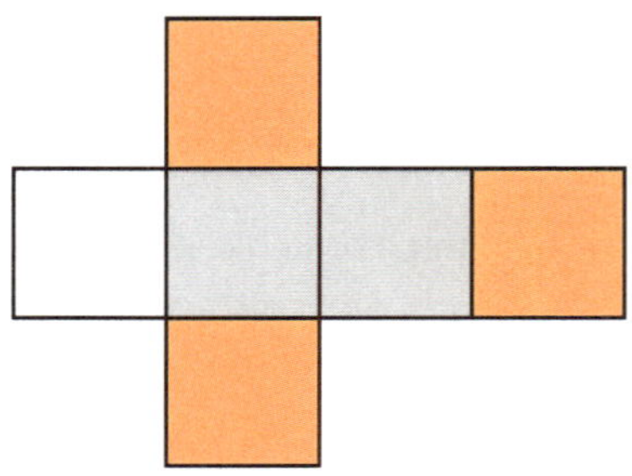

a) zweimal Orange zu würfeln? ______

b) mindestens einmal Weiß zu würfeln? ______

c) nur einmal Grau, und zwar beim zweiten Mal, zu würfeln? ______

Mehrstufige Zufallsexperimente (2)

1 In einer Urne befinden sich zehn Kugeln mit den Ziffern von 0 bis 9. Zeichne nur die Pfade, die für die Lösung der Teilaufgabe nötig sind.

a) Die Kugeln werden nach dem Ziehen zurückgelegt. Wie groß ist die Wahrscheinlichkeit, die Folge 3–4–5 zu ziehen? ______

Wie viele Pfade hat der vollständige Baum? ______

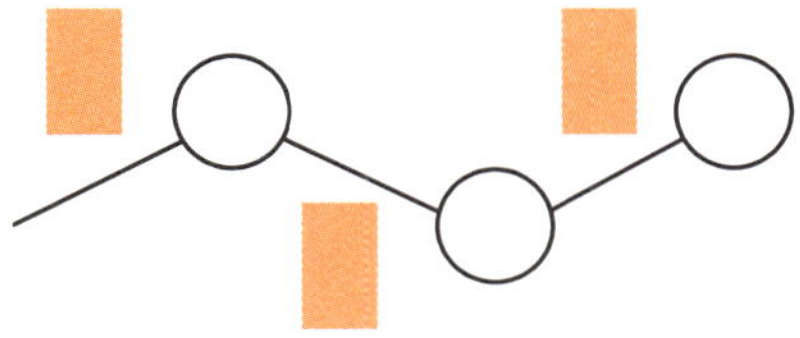

b) Die Kugeln werden nicht zurückgelegt. Wie groß ist jetzt die Wahrscheinlichkeit, die 3–4–5 zu ziehen? ______

Wie viele Pfade hat der vollständige Baum? ______

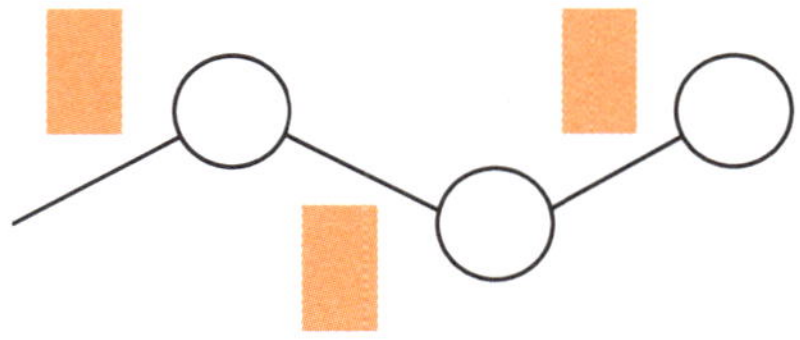

2 In einem Karton liegen fünf Jonglierbälle (drei orange und zwei weiße). Du nimmst dir drei heraus. Zeichne das Baumdiagramm weiter. Bestimme die Wahrscheinlichkeiten der gezogenen Jongliersets.

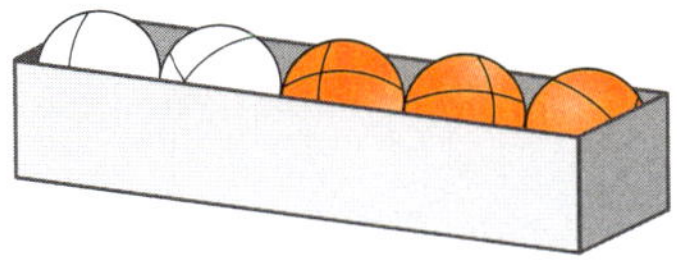

1. Zug

2. Zug

3. Zug

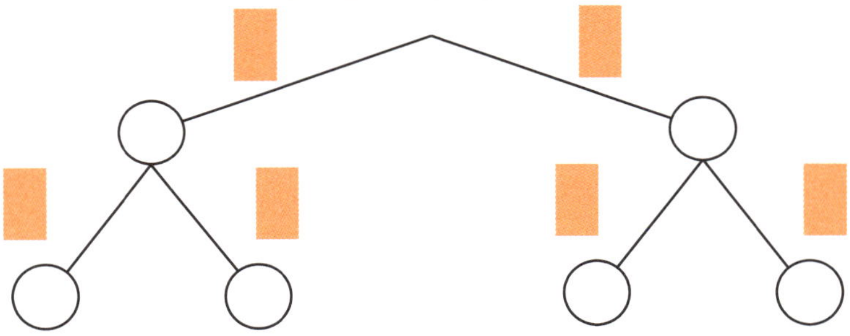

a)

______

b)

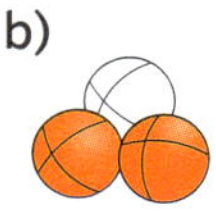

______

c)

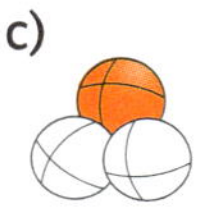

______

3 Das Glücksrad wird zweimal gedreht.

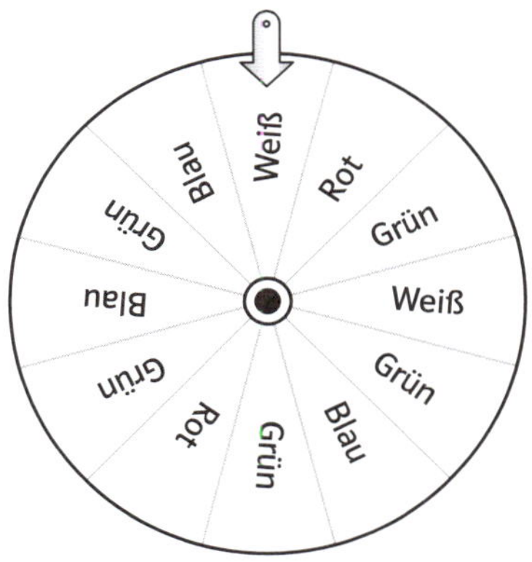

a) Fülle das Baumdiagramm für die Farben Rot und Blau aus und berechne für die einzelnen Pfade die Wahrscheinlichkeit.

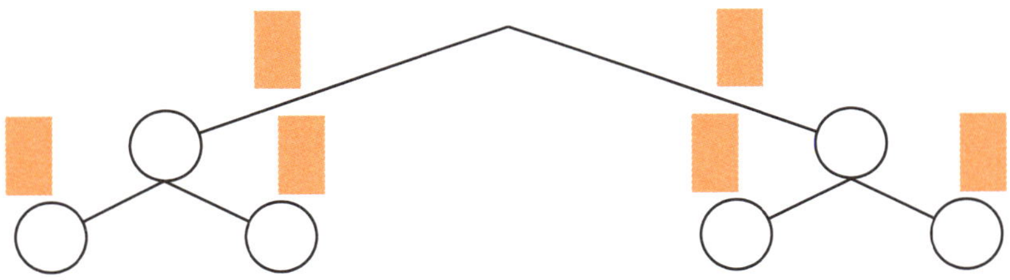

b) Wie groß ist die Wahrscheinlichkeit für: erst Blau, dann Rot? ______

zweimal Rot? ______ erst Rot, dann Blau? ______

4 Rechne mit dem Gegenereignis. Zeichne den passenden Baum und berechne die Wahrscheinlichkeit.
Du würfelst mit zwei Würfeln. Wie groß ist die Wahrscheinlichkeit, zweimal eine Zahl kleiner als sechs zu würfeln?

Das Gegenereignis lautet:

______

Die Wahrscheinlichkeit, zweimal eine Zahl kleiner als sechs zu würfeln, beträgt

______

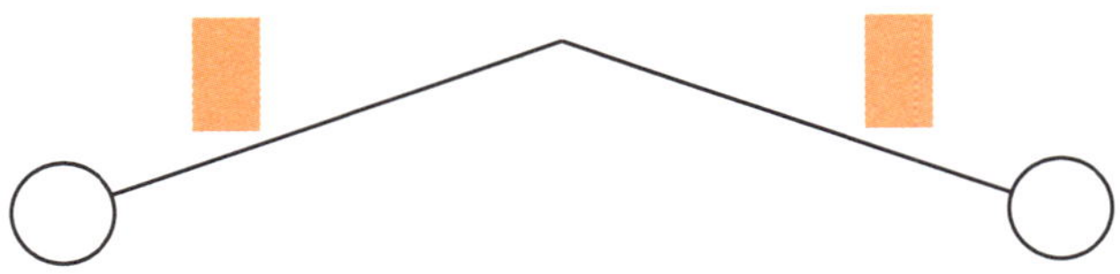

Abzählverfahren

1 Wie viele unterschiedliche Anordnungen gibt es jeweils bei den angegebenen Zufallsversuchen? Gib zunächst die Rechnung gemäß der Produktregel an.

Zufallsversuch	Anzahl der möglichen Ergebnisse/Reihenfolgen	Ergebnis
a) Aus einem Beutel mit 26 verschiedenen Buchstaben sollen vier Buchstaben gezogen werden. Wie viele „Wörter“ können entstehen?		
b) Im Restaurant gibt es sechs mögliche Plätze für die fünf Besucher. Auf wie viele Arten können sie platziert werden?		
c) Wie viele mögliche Reihenfolgen sind bei einem Zahlenschloss mit drei Zahlenringen von 0…9 möglich?		
d) Von 35 Kugeln, die mit 1 bis 35 beschriftet sind, werden fünf gezogen. Wie viele Möglichkeiten gibt es? (Die Reihenfolge soll beachtet werden.)		
e) Karla stehen für Modeaufnahmen vier Paar Schuhe, sechs T-Shirts und acht Hosen zur Verfügung. Wie viele unterschiedliche Kombinationen gibt es?		

2 Im Restaurant „Schlemmerland“ gibt es fünf Getränke, drei Vorspeisen, vier Hauptgerichte und zwei Desserts zur Auswahl. Thorben, Annika und Janina wollen dort essen gehen.

a) Thorben kann aus insgesamt ______ verschiedenen Mittagsmenüs auswählen.

b) Annika möchte auf die Vorspeise verzichten. Für sie gibt es ______ Menüs zur Auswahl.

c) Janina isst kein Fleisch, damit kommen für sie eine Vorspeise und zwei Hauptgerichte nicht in Frage.

Es bleiben ______ Möglichkeiten für ein Menü.

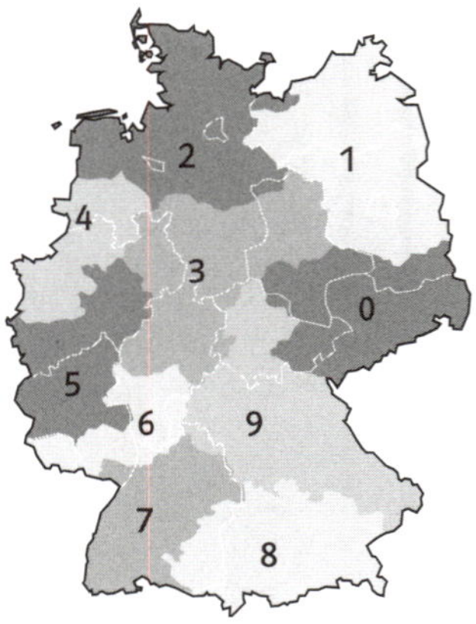

3 In Deutschland besteht jede Postleitzahl aus genau fünf Ziffern. Hierbei gibt es auch Postleitzahlen, die mit einer Null beginnen. Es sind also keine echten Zahlen, sondern „Zeichenketten“.

a) Es könnten theoretisch ______________ Postleitzahlen gebildet werden,

aber nur etwa 35 000 finden tatsächlich Verwendung; ca. ______ % der möglichen Zeichenketten kommen also gar nicht vor.

b) Es könnte ________ Postleitzahlen mit lauter gleichen Ziffern geben, diese finden allerdings keine Verwendung.

c) In ______________ Postleitzahlen könnte genau eine Null vorkommen,

______________ könnten ohne eine einzige Null gebildet werden.

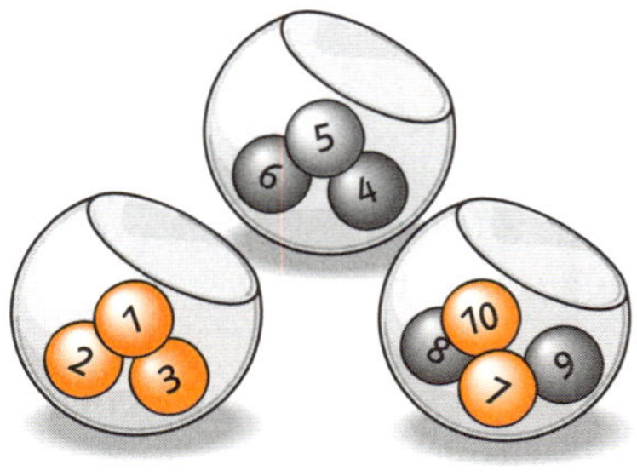

4 Nebeneinander stehen drei Urnen, in der ersten befinden sich Kugeln mit den Zahlen 1 bis 3, in der zweiten mit den Zahlen 4 bis 6 und in der dritten Kugeln mit den Zahlen 7 bis 10. Aus jeder Urne soll eine Kugel gezogen werden, wobei die Reihenfolge wichtig ist.

a) Es gibt ______ mögliche Ergebnisse.

b) Die Wahrscheinlichkeit dafür, dass nur gerade Zahlen gezogen werden,

ist: $\frac{\text{Anzahl der günstigen Ergebnisse}}{\text{Anzahl aller Ergebnisse}} = \frac{\square}{\square} = \frac{\square}{\square}$

c) Die Wahrscheinlichkeit dafür, dass nur Primzahlen gezogen werden, ist $\frac{\square}{\square} = \frac{\square}{\square}$

d) Die Ziehungen (1, 4, 8), ______________________ führen auf die Augensumme 13.

Die Wahrscheinlichkeit für die Augensumme 13 beträgt $\frac{\square}{\square} = \frac{\square}{\square}$

1 Welche Binomialkoeffizienten passen zu welcher Aufgabenstellung?
Verbinde passende Kärtchen. Zu einigen Aufgabenstellungen gehören zwei Binomialkoeffizienten, manche Binomialkoeffizienten können mehrfach zugeordnet werden. Insgesamt bleiben fünf Binomialkoeffizienten ohne Zuordnung übrig.

a) Von drei Hauptpreisen dürfen zwei ausgewählt werden.

b) Aus fünf Personen wird ein Ausschuss aus drei Mitgliedern gebildet.

c) Aus zehn Spielkarten werden fünf gezogen.

d) Für die neue Vereinsfahne sollen aus fünf Farben zwei ausgewählt werden.

$\binom{3}{1}$ $\binom{10}{5}$ $\binom{5}{3}$ $\binom{5}{4}$ $\binom{2}{3}$ $\binom{5}{2}$ $\binom{10}{2}$ $\binom{2}{5}$ $\binom{3}{2}$ $\binom{5}{1}$

2 a) In einem Gefäß sind neun Kugeln mit den Ziffern 1; 2; … 8; 9. Daraus werden der Reihe nach vier Kugeln ohne Zurücklegen gezogen und in der gezogenen Reihenfolge als Zahl notiert.

Es gibt 9 · ______ · ______ · ______ = ____________ mögliche Zahlen. Die Wahrscheinlichkeit, dass die so gebildete Zahl 9876 lautet, ist

$\frac{\square}{\square}$ ≈ ________ %.

b) Nun darf man die vier gezogenen Zahlen umsortieren. Von allen ________ möglichen Ziehungen (mit Berücksichtigung der Reihenfolge) lassen sich _____ ! = ______ Zahlen zu 9876 umsortieren. Die Wahrscheinlichkeit, bei einer Ziehung eine zu 9876 umzusortierende Zahl zu ziehen, beträgt

$\frac{\square}{\square}$ ≈ ________ %.

3 Bilde zu den folgenden Situationen einen Binomialkoeffizienten mit passender Fragestellung und berechne ihn.

Situation	Binomial-koeffizient	Passende Fragestellung	Ergebnis
a) Mit einer Hand werden fünf Kugeln aus einem Glas mit 35 Kugeln gezogen.	$\binom{35}{5}$	Wie viele Möglichkeiten für das gleichzeitige Ziehen gibt es?	324 632
b) Aus einem Skat-Spiel werden sechs Karten gezogen.	$\binom{32}{6}$		906 192
c) Aus 100 Farben wählt ein Maler drei zur Gestaltung einer Fassade aus.	$\binom{100}{3}$		161 700
d) Auf der Klassenfahrt stehen für vier Mädchen sechs Betten zur Verfügung.	$\binom{6}{4}$		15
e) Alvina möchte im Urlaub acht Postkarten verschicken, hat aber nur fünf Briefmarken.	$\binom{8}{5}$		56

4 Für ein Brettspiel stehen Figuren in den Farben Rot, Gelb, Grün, Blau, Schwarz und Weiß zur Verfügung. Markus (13), Simon (12) und Lazaros (14) dürfen sich ihrem Alter nach für eine Spielfarbe entscheiden. Der Jüngste beginnt mit seiner Wahl.

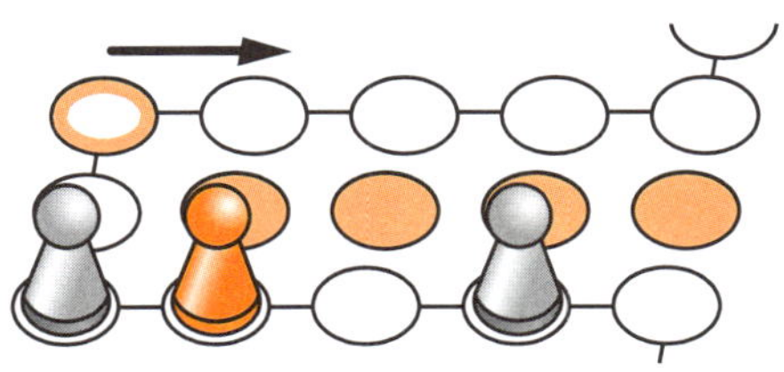

a) Es handelt sich um eine Ziehung ☐ mit / ☐ ohne Beachtung der Reihenfolge.

b) Es gibt _____ Möglichkeiten, aus den sechs Farben drei auszuwählen. Mit Berücksichtigung der Ziehungsreihenfolge gibt es für die drei Jungen ______ mögliche Farbzuordnungen.

c) Für Lazaros liegt die Wahrscheinlichkeit dafür, seine Lieblingsfarbe Blau zu bekommen, bei ______ %.

d) Simon hat sich für die Farbe Rot entschieden. Lazaros' Wahrscheinlichkeit klettert auf ______ %.

e) Markus hat sich für die Farbe Schwarz entschieden. Lazaros' Wahrscheinlichkeit klettert auf ______ %.

Bernoulli-Experimente

1 a) Der Binomialkoeffizient $\binom{4}{2}$ gibt an, wie viele Pfade bei einer vierfachen Versuchswiederholung genau zwei Treffer beinhalten.
Schreibe sämtliche Pfade in der angegebenen Form auf (T = Treffer; N = Niete).

TTNN, TNTN, ______________________________

b) Verfahre genauso bei dem Binomialkoeffizienten $\binom{5}{2}$. ______________________________

____

2 Bei Fifty-fifty-Experimenten (zum Beispiel beim Münzwurf) haben Treffer und Niete dieselbe Wahrscheinlichkeit, nämlich ________ . Jeder Pfad hat dann bei fünfmaliger Versuchswiederholung die Wahrscheinlichkeit ____________ .
Die Wahrscheinlichkeit für genau k Treffer in fünf Versuchen berechnet sich dann so: $\binom{5}{k} \cdot \square^5$

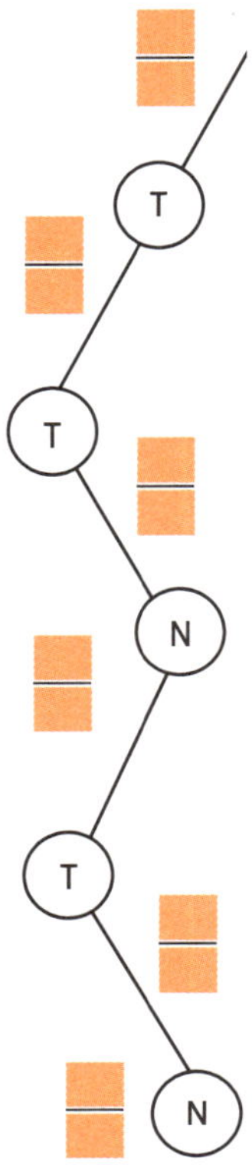

Berechne mit dieser Formel die zugehörige Wahrscheinlichkeit.

k: Anzahl der Treffer	0	1	2	3	4	5
Wahrscheinlichkeit	0,03125					

3 Von zwei von außen gleichen Würfeln weißt du, dass einer „gezinkt“ ist, er würfelt die Sechs mit einer Wahrscheinlichkeit von 0,25.
Der andere Würfel ist „echt“, bei ihm sind alle Ergebnisse gleich wahrscheinlich.
Du wählst einen von beiden aus und würfelst siebenmal mit folgendem Ergebnis:
TNNTNNT (T = Treffer [„Sechs“]; N = Niete [keine „Sechs“]).
Die Wahrscheinlichkeit für genau drei Treffer beträgt für den

- gezinkten Würfel: $\binom{7}{3} \cdot$ ______________________ ≈ __________
- echten Würfel: $\binom{7}{3} \cdot$ ______________________ ≈ __________

Nach diesen Berechnungen müsste es sich um den ______________ Würfel handeln.

4 Wird ein Bernoulli-Experiment wiederholt durchgeführt, so benutzt man die Formel:
$B_{n;\,p}(k) = \binom{n}{k} \cdot p^k \cdot (1-p)^{n-k}$. Hierbei werden folgende Abkürzungen verwendet:

Erfolgswahrscheinlichkeit: ______ , Anzahl der Versuchsdurchführungen: ______ , Anzahl der Erfolge: ______ .
Schreibe mithilfe dieser Formel und berechne wie im Beispiel.

a) Bei fünffachem Münzwurf genau zweimal Wappen: $\binom{5}{2} \cdot 0{,}5^2 \cdot 0{,}5^3$ $B_{5;\,0,5}(2) = 0{,}3125$

b)  Bei viermaligem Würfeln genau dreimal eine Sechs: ______________________

c)  Bei zehnmaligem Drehen genau dreimal Orange: ______________________

d) Bei fünfmaligem Drehen genau viermal Grau: ______________________

e) 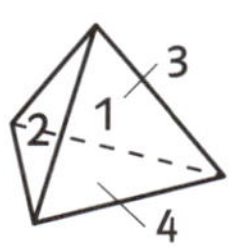

Bei neunmaligem Würfeln genau einmal die Eins: ______________________

f) Bei sechsmaligem Würfeln genau dreimal die Vier: ______________________

Fülle die Lücken. Für jeden Buchstaben findest du einen Strich. Löse dann die Beispielaufgaben.

Ereignis und Gegenereignis

Einzelne Ergebnisse eines Zufallsexperiments werden zu einem Ereignis E zusammengefasst. Alle Ergebnisse, die nicht zu E gehören, bilden das _ _ _ _ _ _ _ _ _ _ _ _ _ zu E. Es wird mit $\overline{E}$ bezeichnet.

■ Das Gegenereignis zu E „eine Sechs würfeln" lautet

$\overline{E}$: „______________________"

Laplace-Experimente

Sind bei einem Zufallsexperiment alle Ereignisse gleich wahrscheinlich, so nennt man es ein _ _ _ _ _ _ _-Experiment.
Für die Wahrscheinlichkeit P eines Ereignisses E gilt:

$$P(E) = \frac{\text{Anzahl der günstigen Ergebnisse}}{\text{Anzahl der möglichen Ergebnisse}}$$

■ Beim Würfel sind alle Zahlen gleich wahrscheinlich.
P(„gerade Zahl")

$$= \frac{\square}{6} = \frac{\square}{\square} = \_\_\_\_\ \%$$

Mehrstufige Zufallsexperimente

Mit einem Baumdiagramm kann man mehrstufige Zufallsexperimente veranschaulichen. Die Wahrscheinlichkeit eines Ergebnisses berechnet man mithilfe der _ _ _ _ regel (multiplizieren). Die Wahrscheinlichkeit eines Ereignisses erhält man mithilfe der _ _ _ _ _ _ regel (addieren).

■ Wird zweimal gewürfelt, so ist
P(„mindestens eine Sechs")
= 1 − P(„zweimal keine Sechs")

$$= 1 - \left(\frac{\square}{6}\right)^2 = 1 - \frac{\square}{\square} = \frac{\square}{36}$$

Produktregel der Kombinatorik

Bei einem mehrstufigen Zufallsexperiment kann man die Anzahl der Ergebnisse berechnen, indem man die Anzahlen der Möglichkeiten für jede Stufe miteinander _ _ _ _ _ _ _ _ _ _ _ _ _.

n Objekte kann man auf $n \cdot (n-1) \cdot \ldots \cdot 3 \cdot 2 \cdot 1 =$ ______ (n-Fakultät) Arten anordnen (Berücksichtigung der Reihenfolge).

■ Fünf verschiedenfarbige Autos kann man auf

___ ! = ___ · ___ · ___ · ___ · ___

= ______ verschiedene Arten nebeneinander parken.

Ziehen ohne Zurücklegen

Will man von n möglichen Objekten k anordnen, so gibt es dafür nach der _ _ _ _ _ _ _ _ _ _ _ _ _ $n \cdot (n-1) \cdot \ldots \cdot (n-k+1)$ Möglichkeiten.
Spielt bei den k ausgewählten Objekten die Reihenfolge keine Rolle, so muss man das Ergebnis durch k! dividieren. Es gibt also

$$\frac{n \cdot (n-1) \cdot \ldots \cdot (n-k+1)}{k!} = \binom{n}{k}$$ Möglichkeiten, aus n Objekten k auszuwählen, ohne Berücksichtigung der Reihenfolge.

■ Will man von fünf verschiedenfarbigen Blumensorten drei auswählen, so gibt es dafür

$$\frac{5 \cdot 4 \cdot 3}{3!} = \binom{5}{\square} = \_\_\_\_\_$$

Möglichkeiten.

Formel von Bernoulli

Ein Bernoulli-Experiment ist ein Zufallsexperiment, bei dem es nur zwei mögliche Ergebnisse gibt (z. B. Erfolg und Misserfolg oder Treffer und Niete). Die Erfolgswahrscheinlichkeit wird mit p bezeichnet.
Wird ein Bernoulli-Experiment n-mal durchgeführt, so beträgt die Wahrscheinlichkeit für genau k Erfolge

$$B_{n;\,p}(k) = \binom{n}{k} \cdot p^k \cdot (1-p)^{n-k}$$

■ Wie groß ist die Wahrscheinlichkeit, dass man beim sechsmaligen Würfeln genau zweimal eine Sechs würfelt?

$$B_{6;\,\frac{1}{6}}(2) = \binom{6}{\square} \cdot \left(\frac{1}{6}\right)^2 \cdot \left(\frac{5}{6}\right)^4 \approx \_\_\_\_\_$$

1 a) Vergleiche die Potenzfunktionen $f: x \to x^n$ für $n \in \mathbb{N}$, wobei n entweder gerade oder ungerade sein soll.

$f: x \to x^n$	n ist gerade	n ist ungerade
Definitionsmenge		
Grenzen/Asymptoten	Je größer x wird, desto größer wird x^n.	
Symmetrie		punktsymmetrisch zum Ursprung
gemeinsame Punkte		

b) Zeichne die Graphen von $x \to a \cdot x^n$, $n \in \mathbb{N}$, $a \neq 0$, in das zugehörige Koordinatensystem. Beachte die Auswirkungen von a.

Graphen für:

$f(x) = x^2$

$g(x) = x^3$

$h(x) = -x^2$

$i(x) = -x^3$

$j(x) = -0{,}5x^4$

$k(x) = 0{,}5x^3$

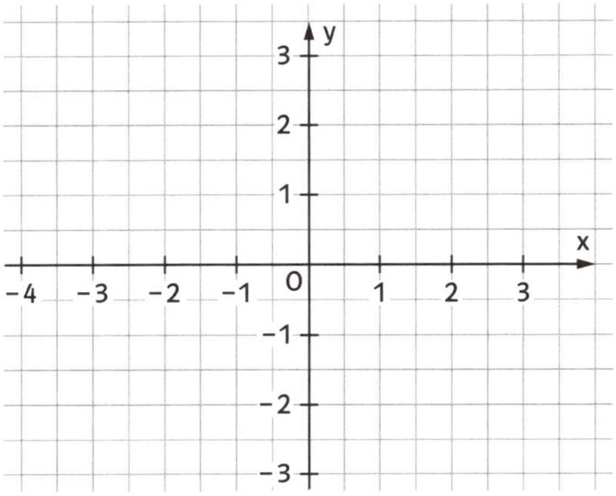

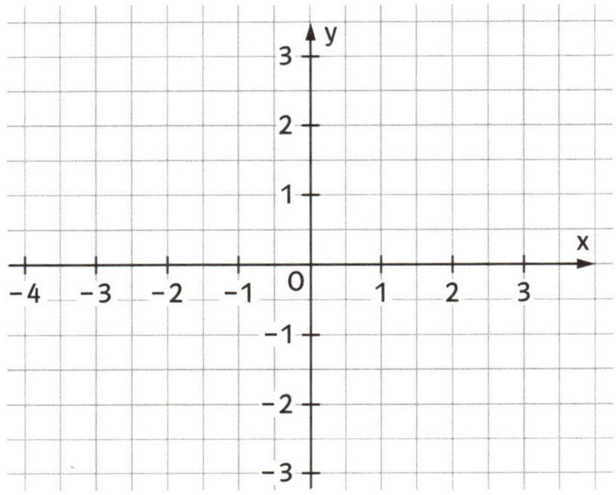

2 Gegeben sind die folgenden Graphen von Potenzfunktionen mit natürlichen Exponenten. Entscheide, welche Funktionsgleichung zu welchem Graphen gehört.

- $f(x) = x^4$
- $f(x) = x^2$
- $f(x) = -x^6$
- $f(x) = -x^2$

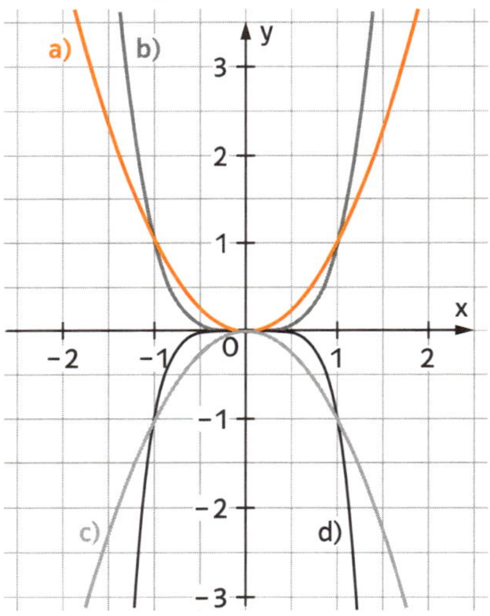

- $f(x) = x^3$
- $f(x) = x^5$
- $f(x) = -x^3$
- $f(x) = -x^7$

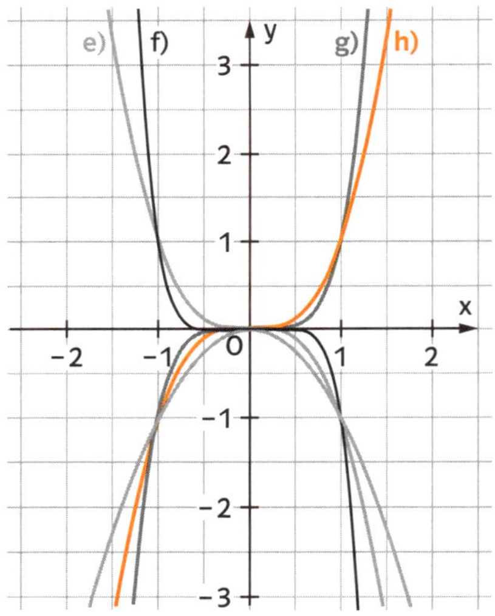

3 Ordne die Punkte P, Q, R, S und T den Potenzfunktionen zu, auf deren Graphen sie liegen.

P(0 | 0)

$f(x) = x^2$

Q(4 | 4)

$i(x) = 0{,}5x^3$

T(4 | 16)

$g(x) = 0{,}25x^3$

R(0,5 | 0,0625)

S(2 | 4)

$h(x) = 0{,}0625x^4$

4 Ergänze die Tabelle.

	x	$0{,}25x^4$	$0{,}5x^2$	x^3
a)	1			
b)		4		
c)				0
d)			8	
e)				3,375

1 Vergleiche die Potenzfunktionen $f: x \to x^{-n}$ für $n \in \mathbb{N}$. Unterscheide jeweils gerade und ungerade n. Zeichne die Funktionen in das zugehörige Koordinatensystem.

$f: x \to x^{-n}$	n gerade	n ungerade
Definitionsmenge		
Grenzen/Asymptoten	Je kleiner $\lvert x \rvert$ wird, desto größer wird $\lvert x^n \rvert$ mit $x^n > 0$. Je größer $\lvert x \rvert$ wird, desto kleiner wird $\lvert x^{-n} \rvert$.	
Symmetrie		punktsymmetrisch zum Ursprung
gemeinsame Punkte		

b) Zeichne die Graphen von $x \to a \cdot x^{-n}$, $n \in \mathbb{N}$, $a \neq 0$, in das zugehörige Koordinatensystem. Beachte die Auswirkungen von a.

Graphen für:

$f(x) = x^{-2}$

$g(x) = x^{-3}$

$h(x) = -x^{-2}$

$i(x) = -x^{-3}$

$j(x) = -0{,}5x^{-4}$

$k(x) = 0{,}5x^{-3}$

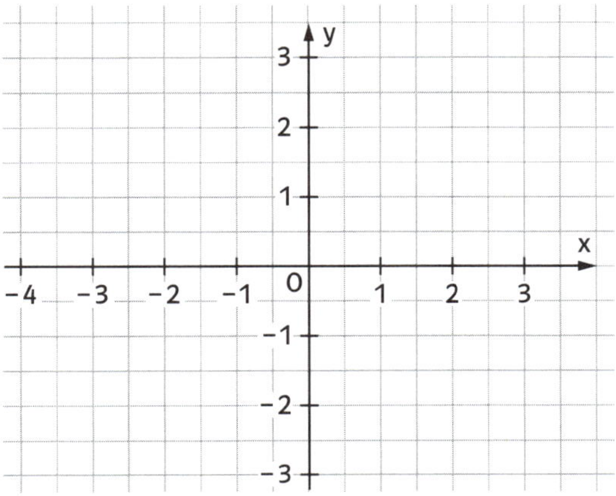

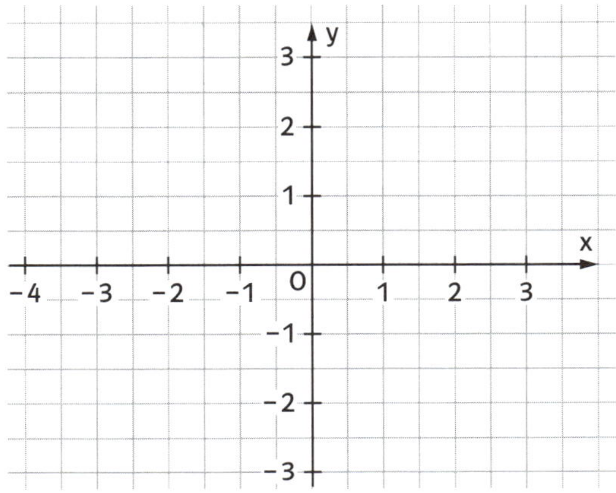

2 Hier sind einige Eigenschaften von Hyperbeln aufgelistet. Ordne die entsprechende Funktion der Eigenschaft mit Pfeilen zu.

$i(x) = -2x^{-3}$

$h(x) = 4x^{-5}$

$f(x) = 3x^{-8}$

$g(x) = 2x^{-3}$

$j(x) = -4x^{-4}$

1 | Die y-Achse ist die Symmetrieachse.

2 | Der Punkt P(1|4) ist Punkt des Graphen.

3 | Der Graph nähert sich für immer kleinere x von unten der x-Achse an.

4 | Der Graph ist bei $x = -5{,}5$ oberhalb der x-Achse.

3 a) Gegeben sind die Funktionen $x \to \frac{1}{3}x^2$ und $x \to -3x^{-1}$. Fülle zunächst die Tabelle aus und zeichne die Graphen, ohne weitere Punkte zu berechnen.

x	$\frac{1}{3}x^2$	$-3x^{-1}$
1		
2		
3		
4		

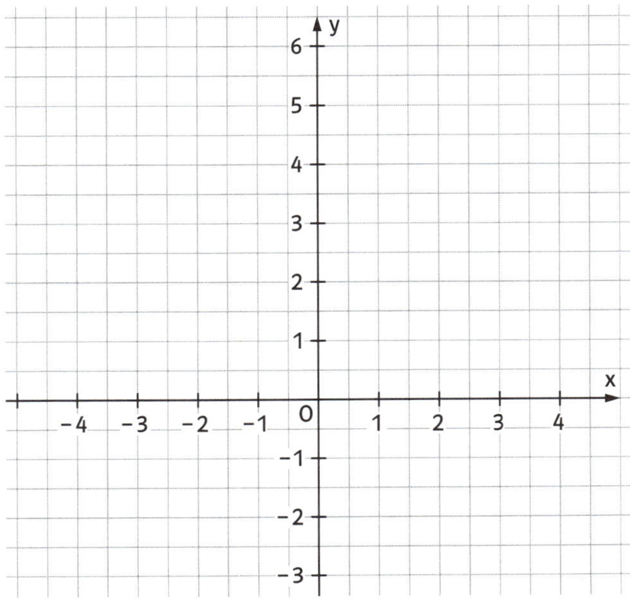

b) Berechne den Schnittpunkt der beiden Graphen.

1 Ausgehend von der Normalparabel erhält man die Wurzelfunktion, indem man jeden Punkt an der Funktion $f(x) = x$ (1. Winkelhalbierende) spiegelt. Spiegle zunächst die Punkte C, D, E und F an der eingezeichneten Achse. Was fällt dir bei den Punkten C und D auf? Verbinde die gespiegelten Punkte zu einem Graphen. Trage dazu die Koordinaten der Punkte und der gespiegelten Punkte in die Tabelle ein.

	Parabel		Wurzel		
	x	y	x	y	
A	2	4		2	A′
B	3		9		B′
C	0	0			C′
D	1	1			D′
E					E′
F					F′
G	a	b			G′

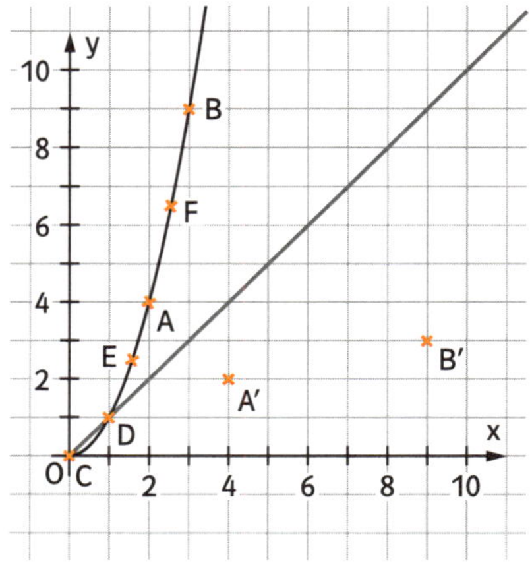

Spiegelt man den Punkt P(a | b) an der Winkelhalbierenden, so erhält man den Punkt P′(____ | ____).

2 a) Skizziere zu den Funktionsgraphen f und g die Umkehrfunktionen. Zeichne zunächst die Winkelhalbierenden des ersten und des dritten Quadranten ein.

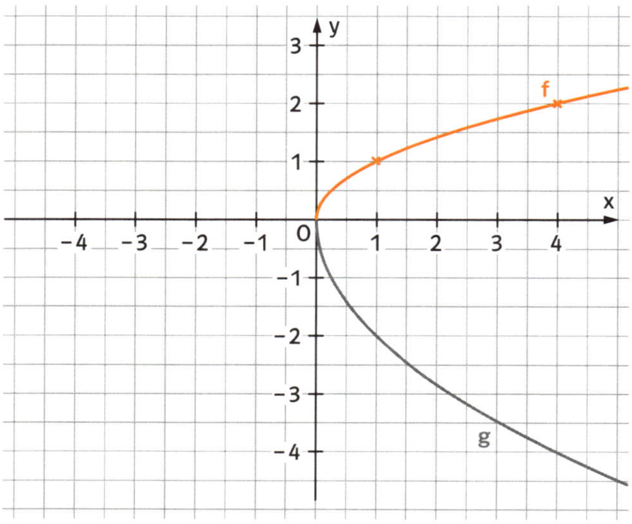

b) Gib zu den abgebildeten Funktionen die Funktionsterme an. Überlege, wie der Graph von g aus dem von f entstanden sein könnte. Wie lauten die Vorschriften für die Umkehrfunktionen?
Gib auch die Definitionsmengen der Funktionen an.

D_f = ____________ D_g = ____________

f: x → ______ (x ≧ 0) g: x → ______ ______

Bestimmung der Umkehrfunktionen
Tausch der Variablen:

$x = \sqrt{y}$ $x = -2\sqrt{y}$

Auflösung nach y:

____________ ____________

$\bar{f}$: x → ______ (x ______) $\bar{g}$: x → ______ ______

3 In dem Koordinatensystem sind Potenzfunktionen dargestellt.

a) Ordne die entsprechenden Funktionsvorschriften den Graphen zu.

☐ : $x \to x^1$ ☐ : $x \to x^{1,5}$ ☐ : $x \to x^2$

☐ : $x \to x^{0,5}$ ☐ : $x \to x^4$ ☐ : $x \to x^{0,25}$

b) Der Graph der Funktion $g: x \to x^{\frac{1}{3}}$ verläuft für x > 1 zwischen den Graphen von ______ und ______.

c) Der Graph der Funktion $h: x \to x^{\frac{5}{4}}$ verläuft für x > 1 zwischen den Graphen von ______ und ______.

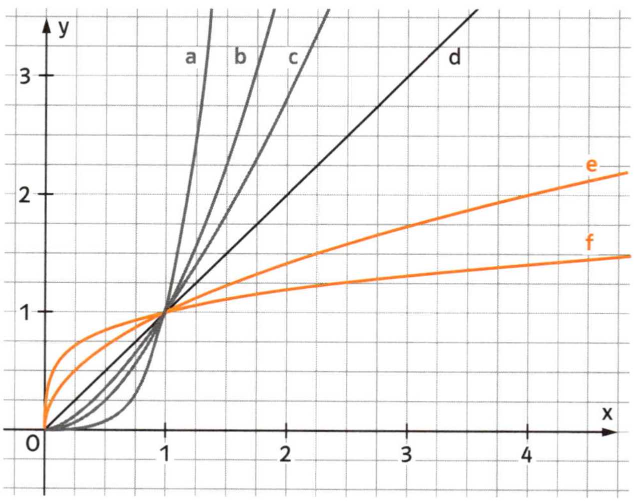

1 Die Gleichung $3 = x^{0,5}$ kann man grafisch lösen.

a) Zeichne den Graphen der Potenzfunktion f mit

$f(x) =$ ______ in ein Koordinatensystem.

b) Zeichne den Graphen der Funktion g mit $g(x) = 3$ in dasselbe Koordinatensystem.

c) Lies den Schnittpunkt ab: P(______ | ______)

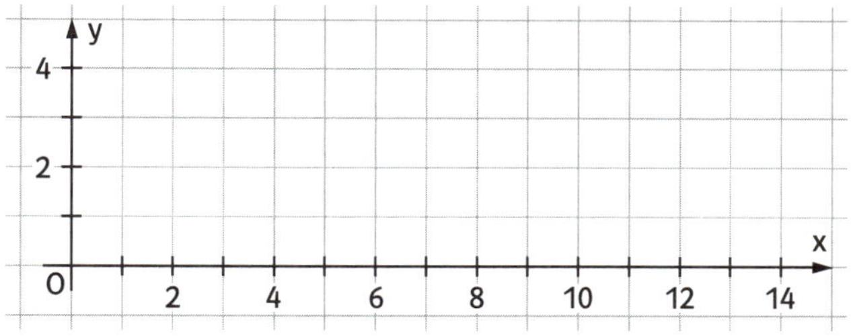

2 a) Berechne die Lösung der Gleichungen
(1) $0{,}5\,x^4 = 2$ und (2) $2x^3 = -1$.

b) Veranschauliche die Lösungen anhand der gegebenen Graphen.

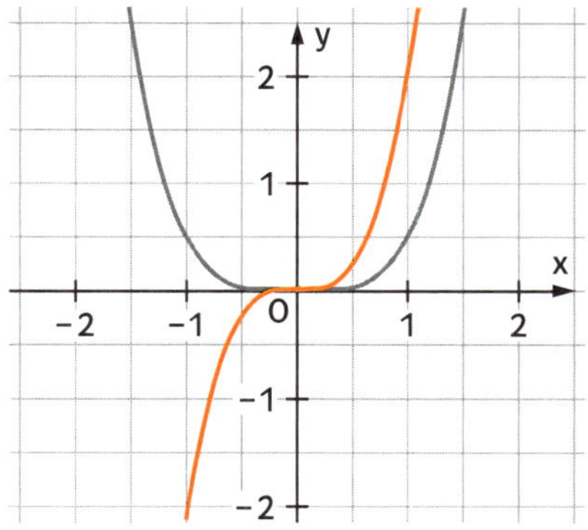

3 Berechne die Nullstelle(n) von f mit
$f(x) = (3x + 2)^5 - 32$.

4 Schreibe die Wurzel als Potenz und löse die Gleichung.

a) $\sqrt[4]{x - 5} = 3$

b) $3 + \sqrt[3]{x^4} = 9$

5 Löse die Gleichung $x^{-1} = \frac{1}{3}x - 1$ zunächst grafisch und führe danach eine Probe durch (Rechnung).

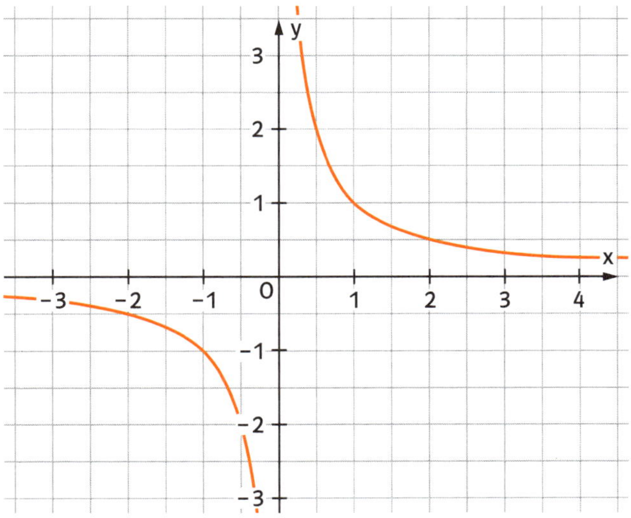

6 Kreuze die Gleichungen an, die keine (!) Lösung haben. Interpretiere hierzu die Terme rechts und links des Gleichheitszeichens als Funktionen und überlege, wie deren Graphen laufen.

a) $x^2 = -1 - x^4$ ☐

b) $2x^2 = \frac{1}{x^3}$ ☐

c) $\frac{1}{x^2} = \frac{-2}{3x^3}$ ☐

d) $-x = \frac{4}{x^5}$ ☐

e) $8x^3 = \frac{-2}{x^5}$ ☐

f) $17x^6 = 9x^{11} + 1$ ☐

Fülle die Lücken. Für jeden Buchstaben findest du einen Strich. Löse danach die Beispielaufgaben.

Potenzfunktionen mit ganzzahligen Exponenten

Eine Funktion der Form f: $x \rightarrow a \cdot x^n$ ($a \neq 0$; $n \in N$, $n > 0$) nennt man Potenzfunktion n-ten _ _ _ _ _ _ _ .

Für $n > 1$ nennt man die Funktion _ _ _ _ _ _ _ n-ter Ordnung.

■ Ordne den Graphen die Funktionsterme zu.

___ $x \rightarrow x^2$

___ $x \rightarrow 0{,}5x^2$

___ $x \rightarrow 2x^2$

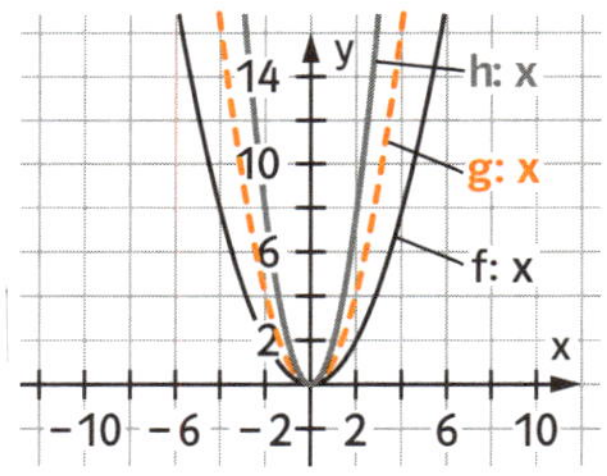

Für natürliche Zahlen $n > 0$ und $a \neq 0$ nennt man den Graphen f: $x \rightarrow a \cdot x^{-n}$ eine _ _ _ _ _ _ _ _ _ n-ter Ordnung.

- Ist der Exponent n eine _ _ _ _ _ _ Zahl, so ist f achsensymmetrisch zur y-Achse: $f(-x) = f(x)$.
- Ist der Exponent n eine ungerade Zahl, so ist f _ _ _ _ _ _ _ _ _ _ _ _ _ _ _ _ zum Ursprung $(0\,|\,0)$: $f(-x) = -f(x)$.

■ Ordne den Graphen die Funktionsterme zu.

___ $x \rightarrow (-2) \cdot x^3$ ___ $x \rightarrow 0{,}2 \cdot x^7$

___ $x \rightarrow 2 \cdot x^{-3}$ ___ $x \rightarrow x^{-8}$

■ Welche Graphen sind achsensymmetrisch? ___

■ Welche Graphen sind punktsymmetrisch? ___________

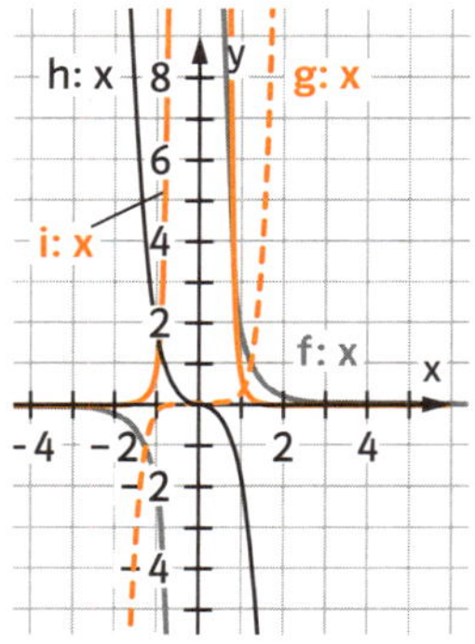

Funktion und Umkehrfunktion

Man erhält die Umkehrfunktion $\bar{f}$ zur Funktion f, indem man den Graphen an der _ _ _ _ _ _ _ _ _ _ _ _ _ _ _ _ _ _ des ersten Quadranten spiegelt. Rechnerisch muss man die Variablen der Funktionsgleichung f vertauschen und nach y umformen.

■ Bestimme die Umkehrfunktion zu a) f: $x \rightarrow 0{,}2 \cdot x^5$ und b) g: $x \rightarrow 2x + 5$.

a) $\bar{f}$: $x = 0{,}2 \cdot y^5$ | ______

$\bar{f}$: $\frac{x}{0{,}2} = y^5$ | ______

$\bar{f}$: $y = \sqrt[5]{\frac{x}{0{,}2}}$

b) $\bar{g}$: $x = 2 \cdot y + 5$ | ______

$\bar{g}$: $x - 5 = 2 \cdot y$ | ______

$\bar{g}$: $y =$ ______

Wurzelfunktionen

Beschränkt man die Potenzfunktion f: $x \rightarrow x^n$ ($n \in \mathbb{N}$, $n \neq 0$) auf Werte mit $x > 0$, so besitzt sie eine spezielle Umkehrfunktion, die Wurzelfunktion $\bar{f}$: $x \rightarrow$ oder $x \rightarrow \sqrt[n]{x}$ ($x \geqq 0$).

■ Bestimme bei der Potenzfunktion f den Faktor a.

f: $x \rightarrow a \cdot x^2$; ______

■ Bestimme die Umkehrfunktion zu f.

$\bar{f}$: $x \rightarrow$ ______

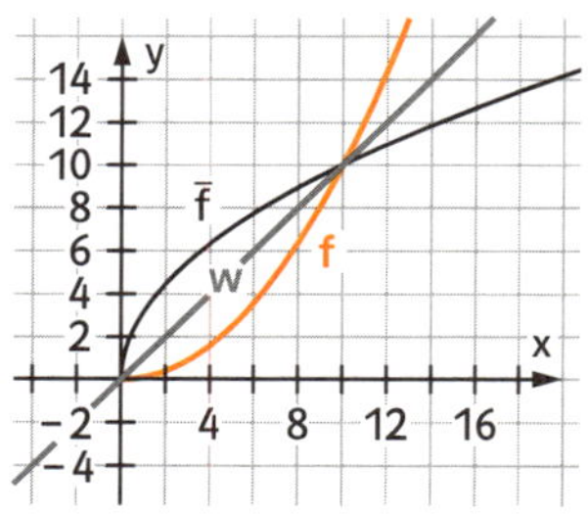

Potenzgleichungen

Potenzgleichungen der Form $x^n = a$ ($n \in \mathbb{N}$, $n \geqq 0$, $a \in \mathbb{R}$) haben zwei Lösungen, genau ein Lösung oder gar keine Lösung.

a	n	L
■ > 0	gerade	$\{\sqrt[n]{a};\ -\sqrt[n]{a}\}$
■ > 0		$\{\sqrt[n]{a}\}$
■ = 0		$\{0\}$
■ = 0	ungerade	
■ < 0		{ }
■ < 0		$\{-\sqrt[n]{-a}\}$

■ Berechne die Beispiele.

Gleichung	Lösungsgleichung	Lösung	Probe
■ $x^6 = 64$	$x = \pm\sqrt[6]{64}$		$2^6 = 64$ $(-2)^6 = 64$
■ $x^5 = 1024$	$x = \sqrt[5]{1024}$	L = {4}	$4^5 =$
■ $x^8 = 0$		{0}	$0^8 =$
■ $x^3 = 0$	$x = \sqrt[3]{0}$		
■ $x^4 = -1296$			
■ $x^5 = -243$			

1 Wie lautet die Gleichung der Funktion, deren Graph aus dem der Normalparabel entstanden sein könnte, indem man diesen …

a) … um 7 Einheiten nach unten verschoben hat?

$y =$ ____________

b) … um 2,5 Einheiten nach links verschoben hat?

$y =$ ____________

c) … um $\frac{2}{5}$ Einheiten nach links und $\frac{1}{3}$ Einheiten nach oben verschoben hat?

$y =$ ____________

d) … an der x-Achse gespiegelt hat und er die x-Achse nur bei $x = 4{,}2$ berührt?

$y =$ ____________

2 Löse die Gleichung zeichnerisch mithilfe der Normalparabel. Forme zuerst die Gleichung geeignet um. Zeichne dann die Gerade, notiere die Schnittstellen.

a) $x^2 + 2x = 0$

$x^2 = -2x$

$y = x^2$

$y =$ ____________

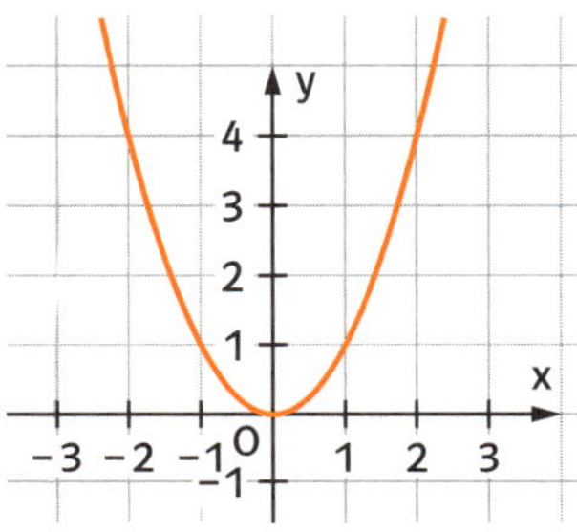

$x_1 \approx$ ______ ; $x_2 \approx$ ______

b) $4x^2 - 6x - 4 = 0 \quad | :4$

____

$x^2 =$ ____________

$y =$ ____________

$y =$ ____________

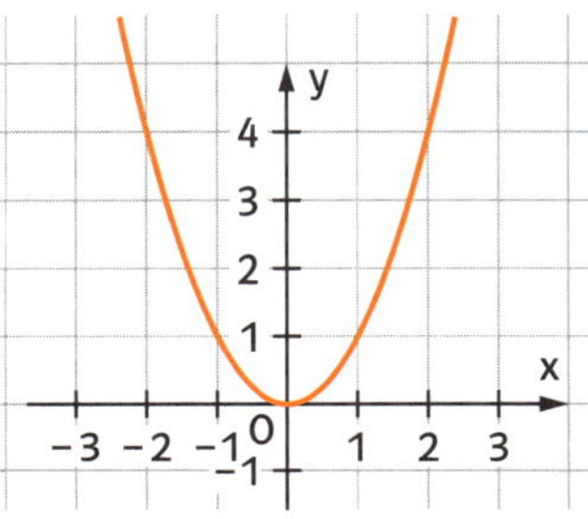

$x_1 \approx$ ______ ; $x_2 \approx$ ______

c) $x^2 - \frac{1}{2}x - 3 = 0$

$x^2 =$ ____________

$y =$ ____________

$y =$ ____________

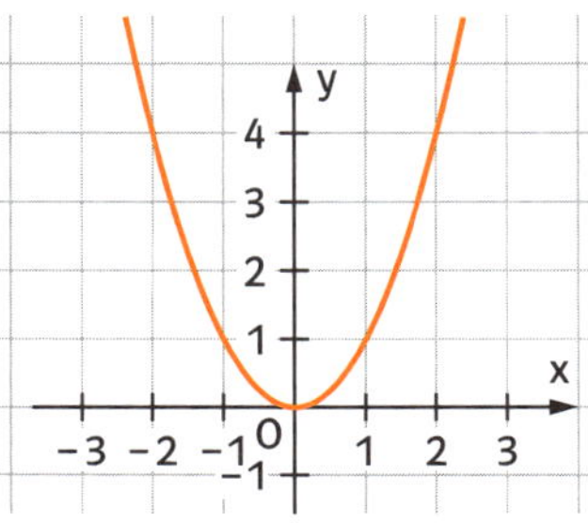

$x_1 \approx$ ______ ; $x_2 \approx$ ______

d) $3x^2 + 2x - 9 = 0 \quad | :3$

____

$x^2 =$ ____________

$y =$ ____________

$y =$ ____________

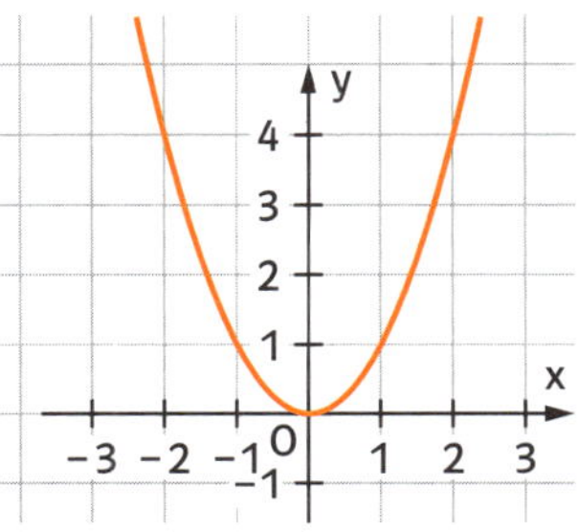

$x_1 \approx$ ______ ; $x_2 \approx$ ______

3 Berechne die fehlenden Einträge für das rechtwinklige Dreieck ABC und trage sie in die Tabelle ein.

	Skizze	a	b	c	tan (β)	β	cos (α)	α	γ
a)	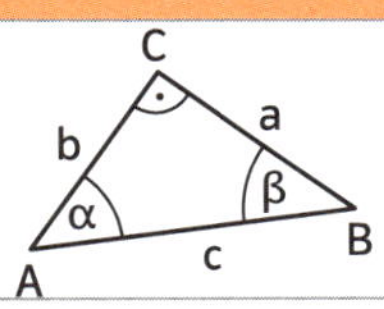	3 cm			1		$\frac{1}{2} \cdot \sqrt{2}$		
b)			$3\sqrt{2}$ cm			60°		30°	

4 Bei einer Skisprungschanze beträgt die Höhendifferenz zwischen Startpunkt und Absprungtisch 80 m; die Anlaufstrecke beträgt maximal 127 m.

a) Welche durchschnittliche Steigung hat die Schanze?

____

b) Aufgrund von schlechten Wetterverhältnissen muss die Anlaufstrecke der Schanze um 10 m verkürzt werden. In welcher Höhe starten die Springer nun?

____

c) Wie viel Platz am ebenen Erdboden ist für den Bau der Schanze mindestens notwendig?

____

5 Ergänze die Tabelle.

		Übersetzung der Einheit	wissenschaftliche Schreibweise	Dezimalschreibweise
a)	Wellenlänge von Schwarzlicht: 350 nm			
b)	Dicke eines Haares: 0,12 mm			
c)	Luftdruck am Nanga Parbat: 350 hPa			
d)	Tiefe des Marianengrabens: 11 km			
e)	Leistung des größten Wasserkraftwerks: 18 200 MW			

6 Vereinfache.

a) $x^{\frac{4}{5}} : x^{-\frac{1}{5}} =$ ______

b) $\left(y^{-\frac{5}{8}}\right)^{\frac{1}{5}} =$ ______

c) $(3^z \cdot 12^z)^{0,5} =$ ______

d) $r^{0,3} : r^{-2} =$ ______

e) $\left(s^3 \cdot s^{\frac{1}{4}}\right)^4 =$ ______

f) $\left(\sqrt{2}^{\sqrt{2}}\right)^{\sqrt{2}} =$ ______

7 Aus einer Urne werden drei Kugeln gezogen und ausgelegt.

a) Die Reihenfolge der gezogenen Kugeln bleibt unverändert. Die Wahrscheinlichkeit, dreimal „G" zu ziehen, beträgt ______ ; die Wahrscheinlichkeit, das Wort GUT zu ziehen, beträgt ______ .

b) Die Kugeln dürfen nach dem Ziehen vertauscht werden.

Die Wahrscheinlichkeit für das Wort GUT beträgt nun ______ .

8 Man wirft zweimal mit einem normalen Würfel.

a) Mit welcher Wahrscheinlichkeit ergibt der erste Wurf eine Vier und der zweite Wurf eine Sechs? Trage bei dem Pfad die entsprechenden Ereignisse und Wahrscheinlichkeiten ein.

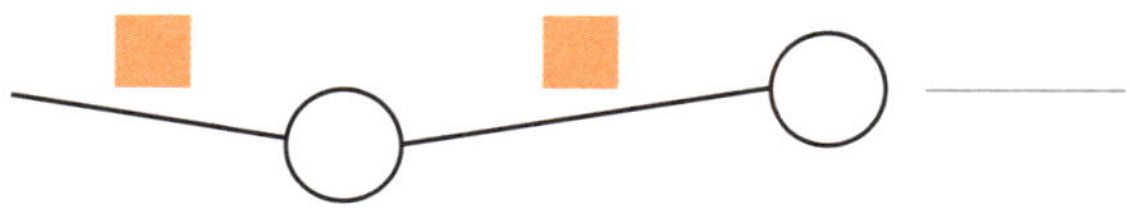

b) Mit welcher Wahrscheinlichkeit würfelt man zuerst eine Zahl kleiner als vier und beim zweiten Wurf eine Zahl größer als vier?

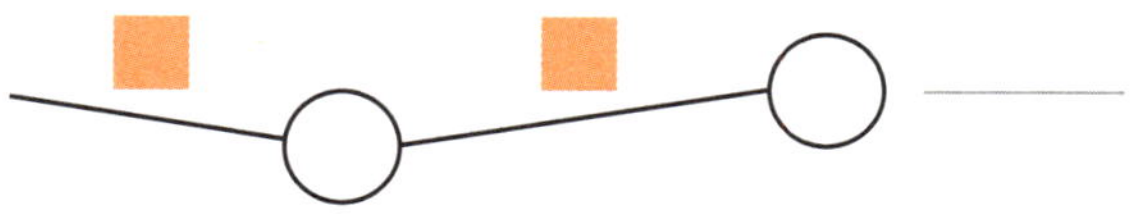

9 Berechne die Wahrscheinlichkeit, dass beim achtmaligen Würfeln mit einem normalen Spielwürfel

a) genau zweimal eine Sechs fällt. ______

b) genau sechsmal eine Zwei fällt. ______

c) genau viermal eine Vier fällt. ______

d) genau einmal eine Eins fällt. ______

e) keinmal eine Drei fällt. ______

Projektionen. Mehrtafelprojektion

1 Frau Müller hat beobachtet, dass ihr Fenster mittags und nachts unterschiedliche Schatten erzeugt.

a) Vervollständige das Bild des Fensters auf dem Fußboden in beiden Abbildungen.

A

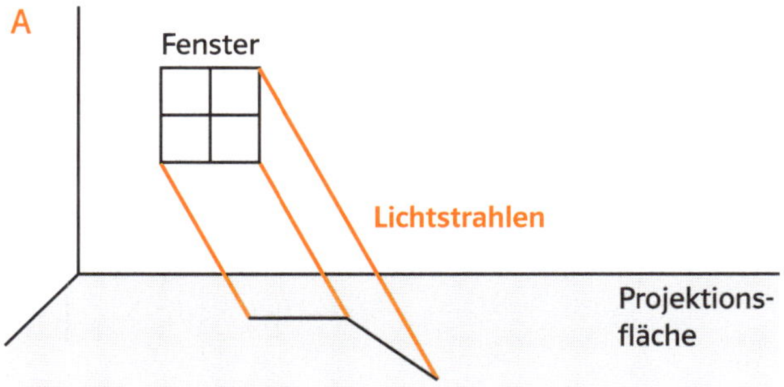

B

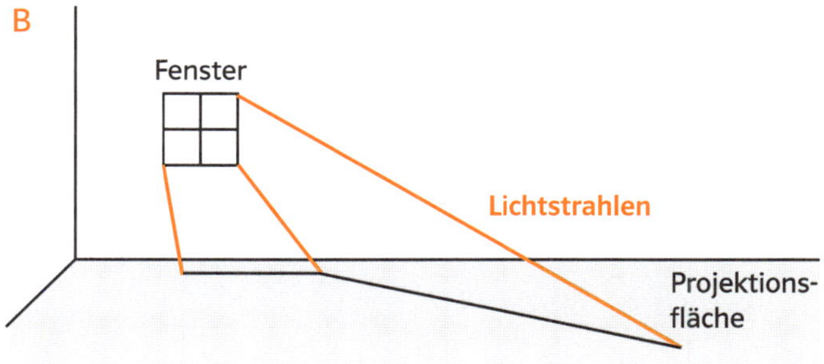

b) Um welche Art von Projektion handelt es sich?

A: ______________________ B: ______________________

c) Ordne die Kärtchen den Abbildungen bzw. Projektionsarten A und B zu.

- ☐ Parallele Geraden sind auch im Bild parallel.
- ☐ Mittelpunkte und andere Streckenunterteilungen bleiben im Bild nicht Mittelpunkte oder Unterteilungen im gleichen Verhältnis.
- ☐ Parallele Geraden werden nicht auf parallele Geraden abgebildet (Ausnahme: Geraden, die zur Projektionsebene parallel verlaufen).
- ☐ Parallele, gleich lange Strecken sind auch im Bild parallel und gleich lang.
- ☐ Figuren, die parallel zur Bildebene liegen, werden auf kongruente Figuren abgebildet.
- ☐ Figuren, die parallel zur Bildebene liegen, werden nicht auf kongruente Figuren abgebildet.
- ☐ Die Projektionsgeraden schneiden sich in einem gemeinsamen Punkt, dem Fluchtpunkt Z.
- ☐ Mittelpunkte und andere Streckenunterteilungen bleiben auch im Bild Mittelpunkte oder Unterteilungen mit dem gleichen Verhältnis.

2 Zu jedem der sechs Körper siehst du den Aufriss AR (Vorderansicht), den Grundriss GR (von oben) und den Seitenriss SR (von der Seite). Notiere unter jedem Körper, welche der Rissbilder zu ihm gehören.

a) 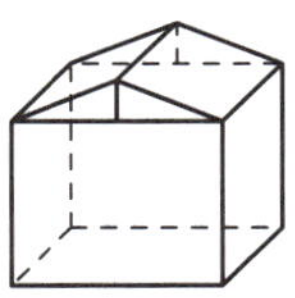

AR: ____ GR: ____ SR: ____

b) 

AR: ____ GR: ____ SR: ____

c) 

AR: ____ GR: ____ SR: ____

d) 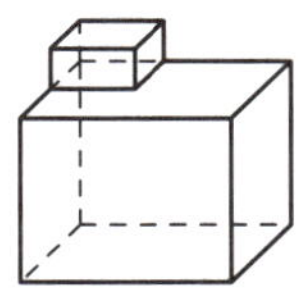

AR: ____ GR: ____ SR: ____

e) 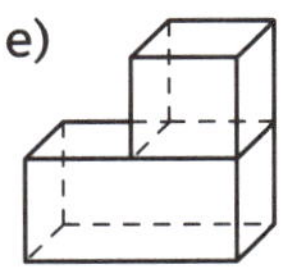

AR: ____ GR: ____ SR: ____

f) 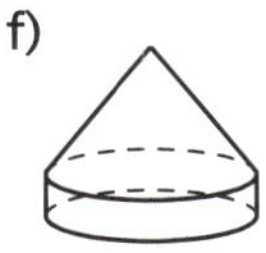

AR: ____ GR: ____ SR: ____

Aufriss (Vorderansicht)

① ② ③ ④ ⑤ ⑥

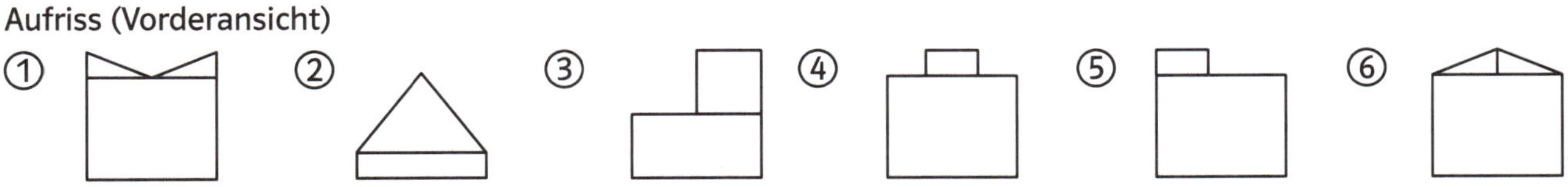

Grundriss

① ② ③ ④ ⑤ ⑥

Seitenriss

① ② ③ ④ ⑤ ⑥

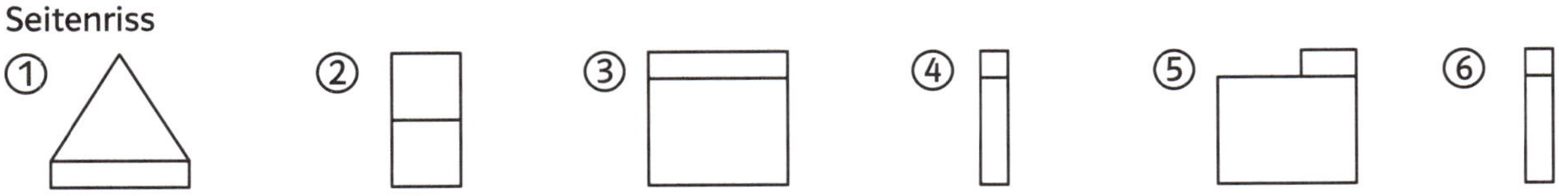

1 Ein Quader mit den Seitenlängen $a = 4\,cm$, $b = 6\,cm$ und $c = 3\,cm$ wurde gezeichnet.

a) Im Quaderschrägbild ist der Verzerrungswinkel α = ______ und der Verzerrungsfaktor k = ______ .

b) Zeichne nun den Quader mit dem Verzerrungswinkel $\alpha = 45°$ und dem Verzerrungsfaktor $k = \frac{1}{3}$. Zwei Linien sind schon vorgegeben.

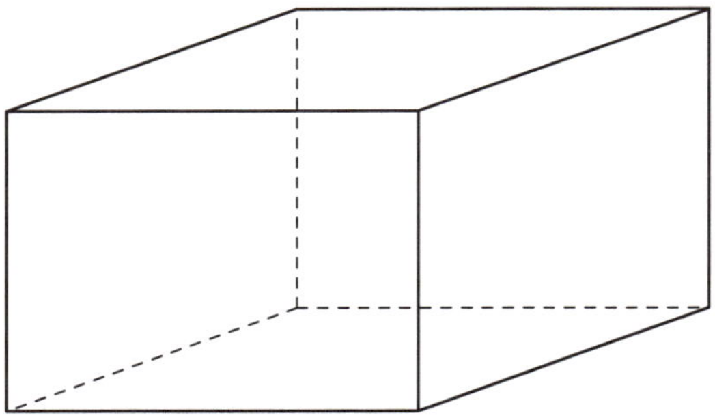

2 In der Abbildung siehst du den Grund- und Aufriss eines Werkstücks.

Aufriss

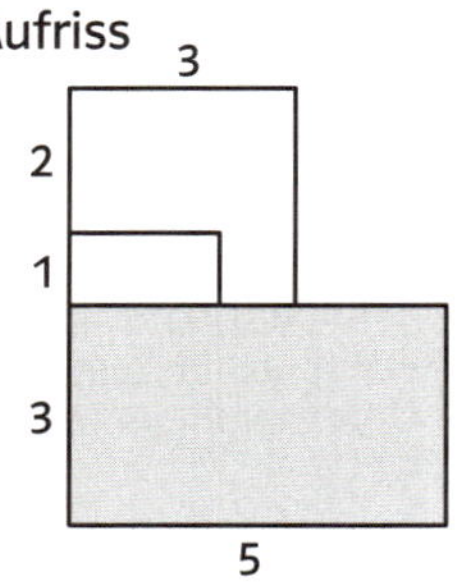

Grundriss

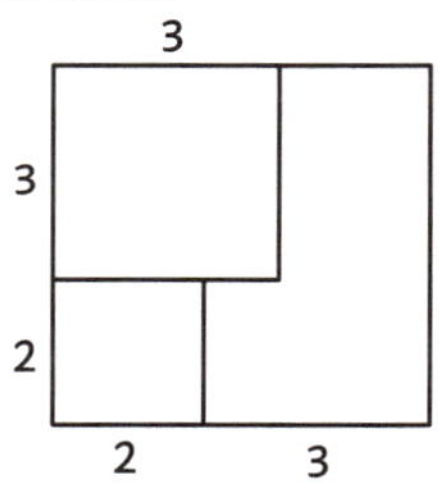

a) Zeichne ein Schrägbild mit $\alpha = 45°$ und $k = \frac{1}{3}$.

b) Konstruiere den Seitenriss im gleichen Maßstab wie Aufriss und Grundriss, wenn der Körper um 90° im Uhrzeigersinn um die Hochachse gedreht wird.

3 Für das Schrägbild eines Körpers wurden $k = 0{,}5$ und α = ______ ° verwendet.
Zeichne ein zweites Schrägbild des Körpers mit $\alpha = 30°$ und $k = \frac{2}{3}$.

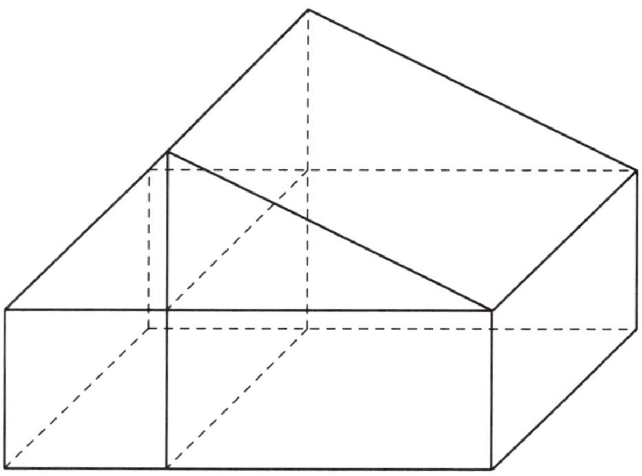

Der Satz des Cavalieri

1 Berechne die Volumen der vier Körper.

a)

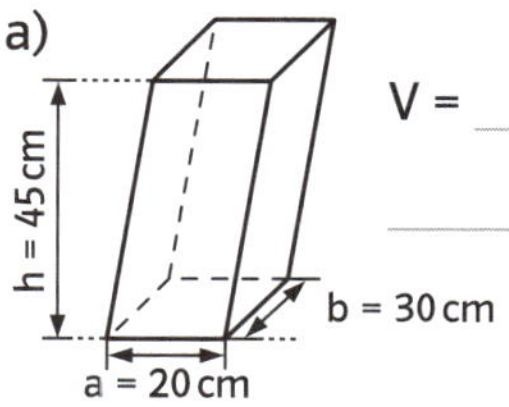

V =

b)

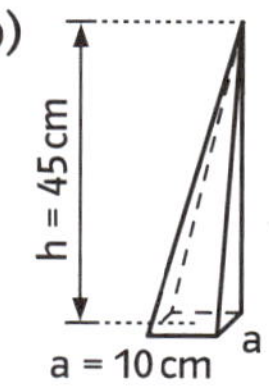

V =

c)

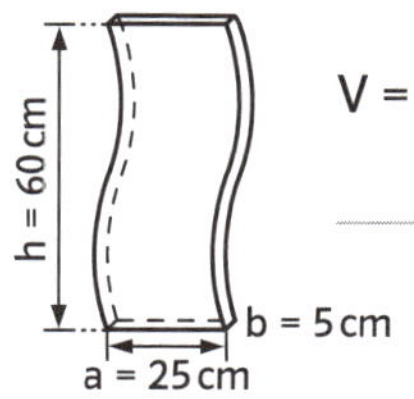

V =

d)

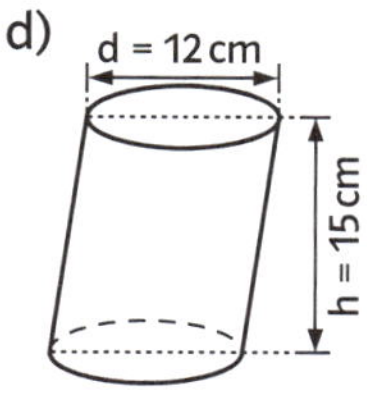

V =

2 Aus einem Quader mit der Länge 2a, der Breite a und der Höhe 3a sind Körper gefräst worden.

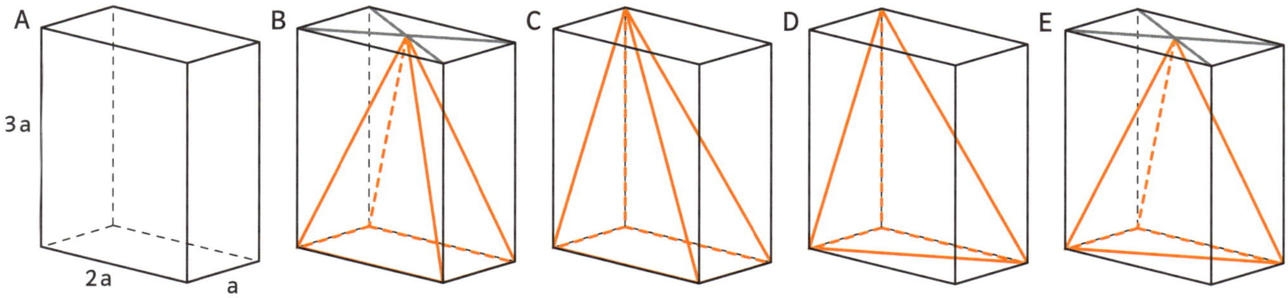

a) Ordne die Körper nach der Größe ihrer Volumen absteigend. Begründe deine Wahl.

b) Gib die Formeln für die Volumen der entstandenen Körper an und berechne die Volumen für $a = 5\,cm$.

c) Schreibe die Volumen der Körper als Volumenanteil des Körpers A auf.

$V_A = 1 \cdot V_A$ $V_B =$ $V_C =$ $V_D =$ $V_E =$

3 Entscheide, ob die Aussagen richtig oder falsch sind. Streiche die falschen Aussagen durch.

Wenn zwei Gefäße die gleiche Höhe und das gleiche Volumen haben, so sind ihre Schnittflächen in der gleichen Höhe immer gleich. (A)

Zwei Körper erfüllen die Voraussetzungen des Satzes von Cavalieri. Das gilt auch, wenn man die beiden Körper auf den Kopf stellt. (B)

Zwei Körper haben das gleiche Volumen, wenn sie die gleiche Höhe und die gleiche Grundfläche haben. (C)

Wenn ein Körper in jeder Schnittebene ein Quadrat als Schnittfläche besitzt, handelt es sich um einen Quader. (D)

Zwei Körper mit quadratischer Grundfläche, die alle Voraussetzungen des Satzes von Cavalieri erfüllen, sind identisch. (E)

Wenn zwei Körper die Voraussetzungen des Satzes von Cavalieri erfüllen, dann gilt dies auch, wenn man einen der beiden Körper auf den Kopf stellt. (F)

1 Die gläserne quadratische Pyramide hat eine Kantenlänge von $a = 3{,}50\,m$. Die Höhe der Seitenfläche bildet mit der Bodenfläche einen Winkel von 45°.

Skizze:

a) Berechne die Höhe h_s und die Seitenfläche der Pyramide. Skizziere dafür den Querschnitt.

h_s = ______________________

A_s = ______________________

b) Berechne die Mantelfläche der Pyramide.

M = ________________

c) Berechne das Volumen. V = ____

____

2 Die abgebildete Pyramide mit rechteckiger Grundfläche hat die Kantenlängen $a = 6\,cm$ und $b = 10\,cm$. Die Höhe der Pyramide beträgt $h = 8\,cm$.

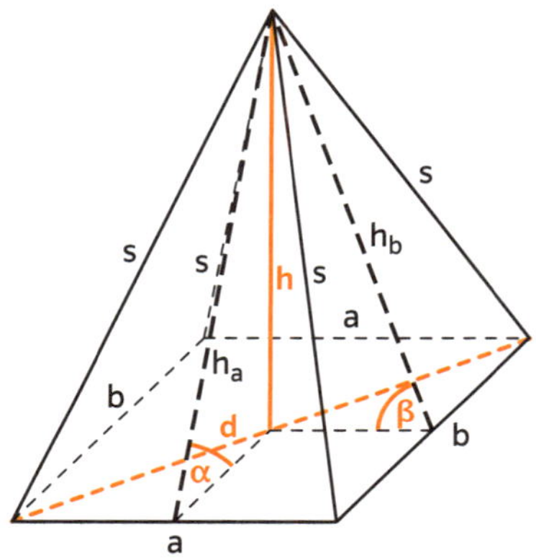

a) Berechne die Länge der Bodendiagonalen d.

d = ______________________________________

b) Berechne die Höhen der Seitenflächen.

h_a = ______________________ ; h_b = ______________________

c) Berechne die Mantelfläche und die Oberfläche.

M = ______________________________________

O = ______________________________________

d) Berechne das Volumen.

V = ______________________________________

e) Berechne den Winkel, den die Seitenflächen mit der Grundfläche bilden.

α = ______________________ β = ______________________

3 Ein Turm, dessen Grundfläche die Form eines regelmäßigen Sechsecks mit der Kantenlänge 2,50 m hat, soll als Dach eine Pyramide mit der Höhe von 9 m erhalten.

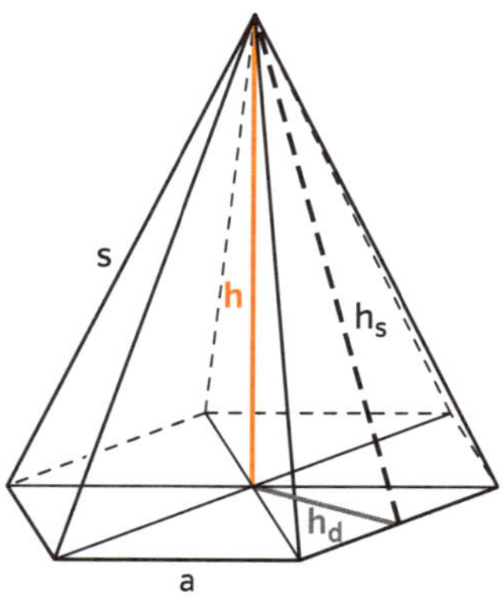

a) Berechne die Höhe h_d. Gib die Formel an.

h_d = ______________________________________

b) Berechne die Höhe h_s. Gib die Formel an.

h_s = ______________________________________

c) Wie viel Quadratmeter Kupferblech werden für das Dach gebraucht, wenn man 8 % der errechneten Fläche für Überlappung und Verschnitt hinzurechnet?

M = ______________________________________

Verbrauch: ______________________________________

d) $2\,m^2$ Kupferblech kosten 160 € plus 19 % Mehrwertsteuer. Die Materialkosten betragen ______________ .

1 a) Berechne die Oberfläche und das Volumen des abgebildeten Kegels.

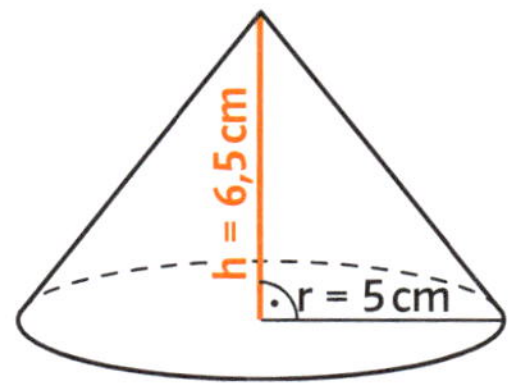

V = ____________________

O = ____________________

b) Berechne die Größen, wenn man den Radius verdreifacht.
Wie verändern sich die Werte?

V = ____________________ O = ____________________

Das Volumen ____________________ sich, die Oberfläche ____________________ sich.

c) Berechne den Öffnungswinkel des Kegels.

____

2 Die abgebildeten Flächen werden im Raum um die eingezeichnete Achse gedreht.
Es entsteht ein Rotations- oder Drehkörper.

a) Nenne die Namen der Flächen, die gedreht werden.

b) Nenne die Namen der Drehkörper, die bei der Rotation entstehen.

c) Berechne das Volumen dieser Drehkörper.

Flächen	Ⓐ 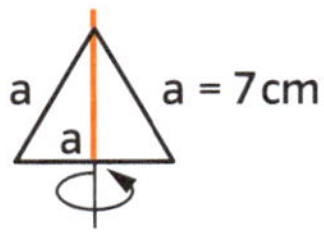	Ⓑ 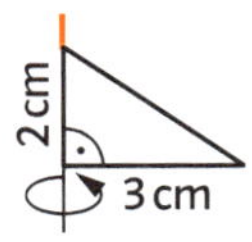	Ⓒ 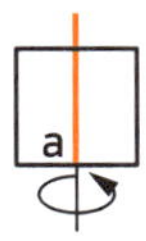	Ⓓ 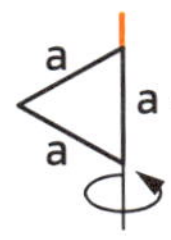
a)				
b)				
c)				

3 Um Gefahrenquellen im Wasser zu kennzeichnen, verwendet man Spitztonnen aus Stahlblech, die die Form eines Doppelkegels haben.

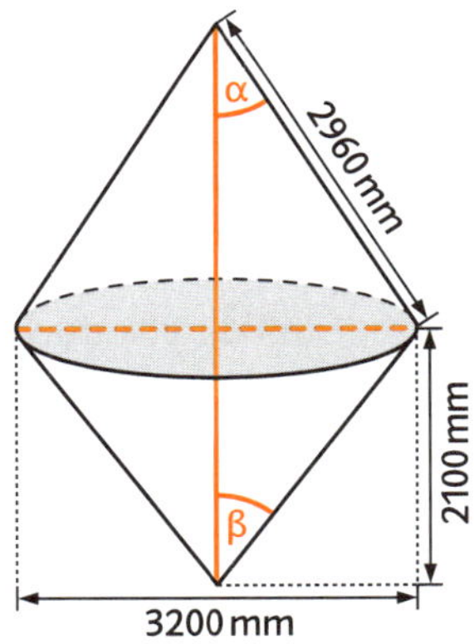

a) Wie viel Quadratmeter Stahlblech werden zur Herstellung der abgebildeten Tonne benötigt? __________ m^2

b) Berechne die Öffnungswinkel der beiden Kegel: ______° und ______°

1 Berechne die fehlenden Werte für die Kugeln.

	r	d	O	V
a)	10 cm			
b)		50 dm		
c)			201,06 mm^2	
d)				2854,54 cm^3

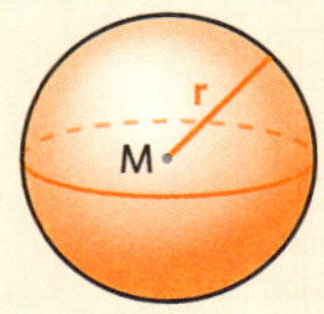

V = ______ π

O = ______ π

2 Eine Kugel mit $r_1 = 10\,cm$ und eine Kugel mit $r_2 = 20\,cm$ werden zu einer Kugel zusammengeschmolzen.

a) Berechne das Volumen und die Oberfläche der neuen Kugel. V ≈ ______ cm^3 O ≈ ______ cm^2

b) Peter behauptet, er könne die Kugel die Treppe hinauftragen. Was meinst du dazu? (1 cm^3 Eisen wiegt 7,85 g.)

______

3 Maria behauptet, es gäbe eine Kugel, bei der die Maßzahl für die Oberfläche mit der Maßzahl für das Volumen identisch ist. Berechne den Radius der gesuchten Kugel oder begründe, warum es so eine Kugel nicht geben kann.

physikalische Größe
27 cm^3
Maßzahl — Einheit

4 Eine goldene Hohlkugel hat eine Wandstärke von d = 0,5 mm und einen Umfang von U = 1 cm. Ein Kubikzentimeter Gold wiegt 19,3 g. Berechne die Masse der Hohlkugel.

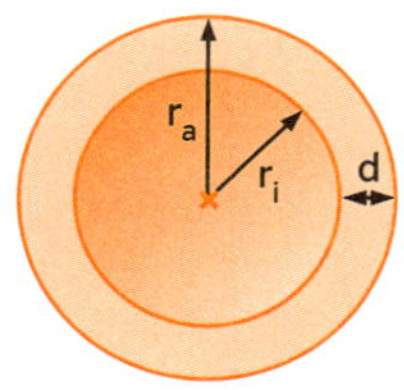

5 a) Stell dir vor, du würdest aus allen Süßwasservorräten eine Kugel bilden. Berechne den Radius dieser Kugel.

______

b) Stell dir nun die Erde als Kugel, ohne Gebirge, Täler und Ozeane vor (Äquatorumfang 40 000 km). Wie hoch würde der gesamte Wasservorrat der Erde über diesem Mantel stehen? Paul stellt die falsche Behauptung auf, dass alle Wasservorräte zusammen eine 1000 m hohe Wasserschicht ergeben. Ist sein Ergebnis zu hoch oder zu niedrig? Begründe. Gib einen eigenen Schätzwert an.

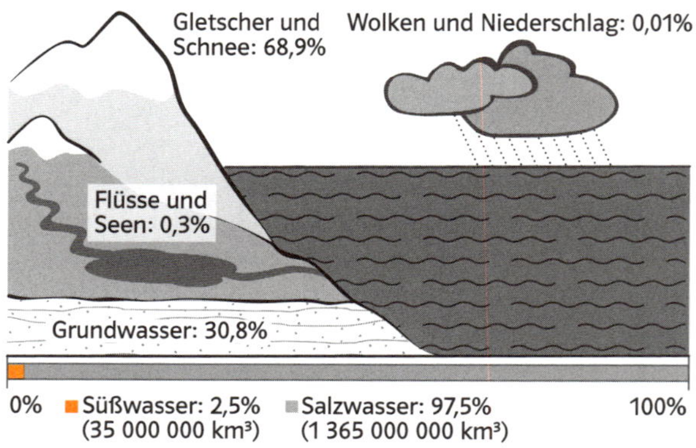

Fülle die Lücken. Für jeden Buchstaben findest du einen Strich. Löse dann die Beispielaufgaben.

Projektion

Die Darstellung (Projektion) dreidimensionaler Körper auf eine _ _ _ _ _ erfolgt mithilfe von Projektions _ _ _ _ _ _ _ _. Dabei wird jedem Punkt P des Raumes ein Schnittpunkt P′ der Projektionsgeraden g mit der Bildebene zugeordnet.

- Darstellung einer Zentralprojektion

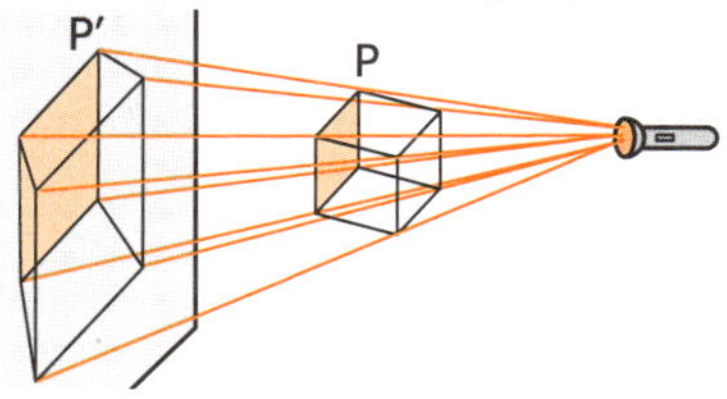

Zentralprojektion und Parallelprojektion

Gehen alle Projektionsgeraden von einem festen Punkt Z des Raumes aus, so nennt man die Projektionsart _.
Verlaufen alle Projektionsgeraden zueinander parallel, so nennt man das Parallelprojektion.
Bei der Mehrtafelprojektion verlaufen die Projektionsgeraden senkrecht zu drei Bildebenen.
Man erhält den _ _ _ _ _ _ _ (von vorn), den Seitenriss (von der Seite) und den _ _ _ _ _ _ _ _ _ (von oben).

- Eigenschaften der Parallelprojektion:

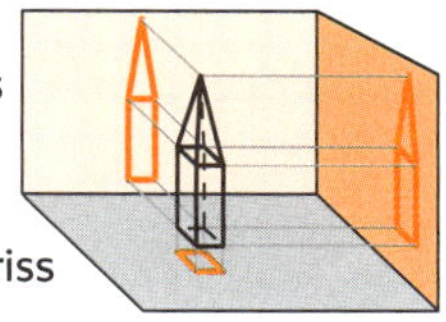

(1) Geraden werden auf Geraden, _ _ _ _ _ _ _ _ werden auf Strecken abgebildet.
(2) Zueinander parallele Geraden werden auf zueinander parallele Geraden abgebildet.
(3) Zur Bildebene parallele Figuren werden auf kongruente Figuren abgebildet.

Konstruktion von Schrägbildern

(1) Zeichne eine Fläche parallel zur Bildebene in den Originalmaßen und mit den Originalwinkeln.
(2) Zeichne alle senkrecht zur Bildebene verlaufenden Strecken mit dem Verzerrungswinkel α zur Waagerechten geneigt. Benutze bei der Länge dieser Strecken den Verzerrungsfaktor k.
(3) Vervollständige das Bild.

- Vervollständige das Schrägbild des Würfels mit der Kantenlänge 2,5 cm, dem Verzerrungswinkel $\alpha = 45°$ und $k = \frac{3}{5}$.

Pyramide

Das Volumen V einer Pyramide ist $V = \frac{1}{3} \cdot G \cdot h$.
Die Oberfläche der Pyramide besteht aus den dreieckigen Mantelflächen und der Grundfläche.
$O = G + M$

- Berechne Volumen und Oberfläche der quadratischen Pyramide.

V = ____________________

h_a = ____________________

O = ____________________

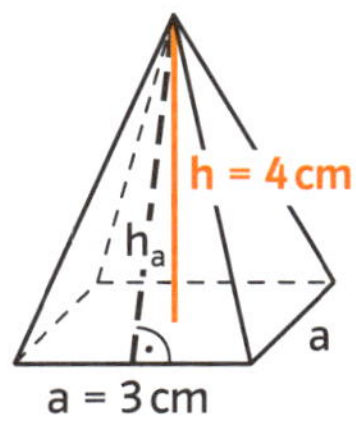

Kegel

Bei einem Kegel mit Radius r, Seitenlänge s und der Höhe h berechnet man das Volumen V mit $V = \frac{1}{3} \cdot \pi \cdot r^2 \cdot h$ und die Oberfläche O mit
$O = G + M = \pi \cdot r^2 + \pi \cdot r \cdot s$

- Berechne V und O des Kegels.

V = ____________________

M ≈ ____________________

O ≈ ____________________

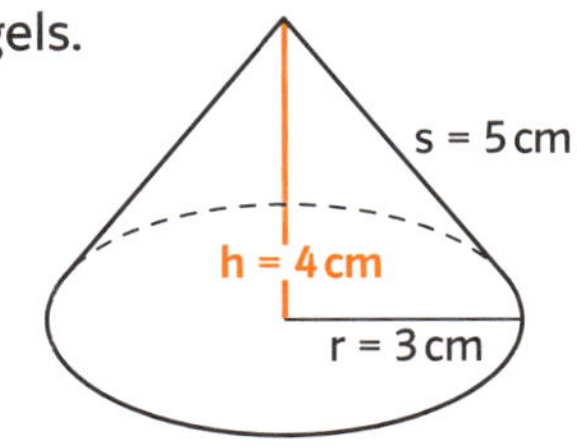

Kugel

Bei einer Kugel mit dem Radius r berechnet man das Volumen V mit $V = \frac{4}{3} \cdot \pi \cdot r^3$ und die Oberfläche O mit $O = 4 \cdot \pi \cdot r^2$

- Berechne V und O der Kugel.

V = ____________________

O = ____________________

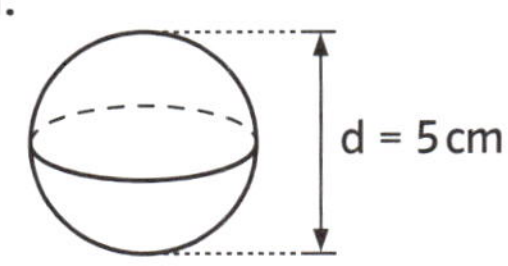

1 Bestimme zeichnerisch Näherungswerte.

a) $\sin(120°) \approx$ ______

b) $\cos(-150°) \approx$ ______

c) $\cos(290°) \approx$ ______

d) $\sin(-40°) \approx$ ______

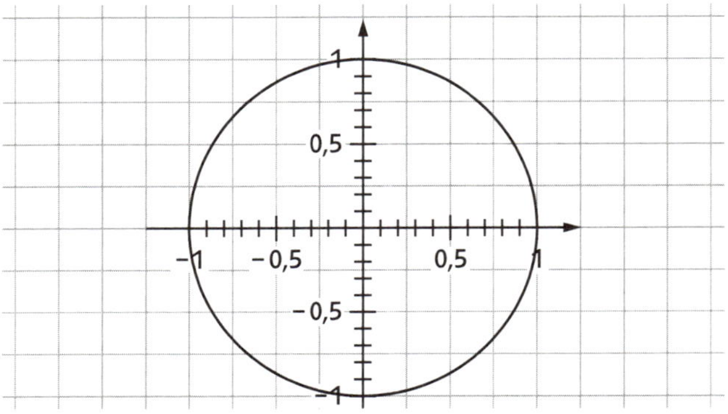

2 Bestimme zeichnerisch alle Winkel α zwischen 0° und 360°, für die gilt:

a) $\sin(\alpha) = 0{,}4$; $\alpha_1 \approx$ 24° ; $\alpha_2 \approx$ 156°

b) $\cos(\beta) = -0{,}7$; $\beta_1 \approx$ ______ ; $\beta_2 \approx$ ______

c) $\sin(\gamma) = -0{,}8$; $\gamma_1 \approx$ ______ ; $\gamma_2 \approx$ ______

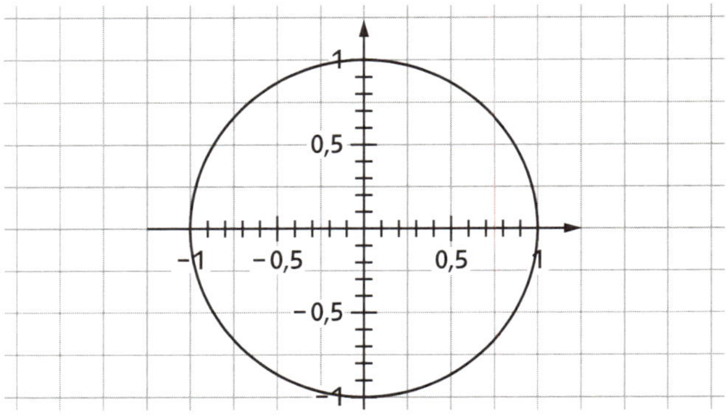

3 Gib alle Winkel $0° \leqq \alpha \leqq 360°$ an, für die gilt:

a) $\cos(\alpha) = \cos(20°)$; $\alpha_1 = 20°$; $\alpha_2 =$ ______

b) $\sin(\alpha) = \cos(800°)$; $\alpha_1 =$ ______ ; $\alpha_2 =$ ______

c) $\cos(\alpha) = -1$; $\alpha_1 =$ ______ ; $\alpha_2 =$ ______

d) $\sin(\alpha) = -1$; $\alpha_1 =$ ______ ; $\alpha_2 =$ ______

4 Bestimme mithilfe des Taschenrechners eine Lösung der Gleichung. Bestimme anschließend die anderen Lösungen mit $-360° \leqq \alpha \leqq 360°$ auf eine Dezimale genau.

a) $\sin(\alpha) = 0{,}6873$

$\alpha_1 =$ ______ ; $\alpha_2 =$ ______ ; $\alpha_3 =$ ______ ; $\alpha_4 =$ ______

b) $\cos(\alpha) = -0{,}2913$

$\alpha_1 =$ ______ ; $\alpha_2 =$ ______ ; $\alpha_3 =$ ______ ; $\alpha_4 =$ ______

5 Jeweils vier Kärtchen gehören zusammen. Markiere die vier Quartette.

$\sin(180° - \alpha)$ | $\cos(360° - \alpha)$ | $-\sin(-\alpha)$ | $\cos(\alpha - 90°)$ | $\cos(-\alpha)$ | $-\cos(-\alpha)$ | $\sin(360° - \alpha)$ | $-\sin(\alpha)$ | $\sin(\alpha)$ | $-\cos(\alpha)$ | $\sin(-\alpha)$ | $\sin(\alpha + 90°)$ | $\cos(180° - \alpha)$ | $\cos(\alpha)$ | $\cos(180° + \alpha)$ | $\sin(180° + \alpha)$

6 Verbinde zusammengehörige Paare.

$\sin(\alpha) > 0$ — $0° < \alpha < 180°$

$\sin(\alpha) > 0$ und $\cos(\alpha) > 0$

$\sin(\alpha) > 0$ und $\cos(\alpha) < 0$

$\cos(\alpha) < 0$

$90° < \alpha < 270°$

$180° > \alpha > 90°$

$90° > \alpha > 0°$

1 a) Gib die Äquivalenzumformungen an, die nötig sind, um von $\frac{a}{b} = \frac{\sin(\alpha)}{\sin(\beta)}$ zu $\frac{a}{\sin(\alpha)} = \frac{b}{\sin(\beta)}$ zu gelangen. ______

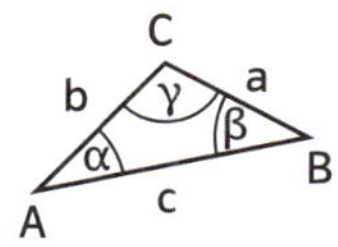

b) Bestimme die fehlenden Größen der Dreiecke ABC.

	a	b	c	sin(α)	sin(β)	sin(γ)	α	β	γ	$\frac{a}{\sin(\alpha)} = \frac{b}{\sin(\beta)} = \frac{c}{\sin(\gamma)}$
(1)	3,2 cm						98°		42°	
(2)		8,2 cm	5,4 cm					101°		
(3)			3,6 cm			0,7	60°			

2 Die Entfernung zwischen zwei Berggipfeln A und B beträgt 23 km (wie im Bild). Von A und B aus sieht man den Gipfel G unter den angegebenen Winkeln. Wie weit ist der Gipfel G von A und B entfernt? ______

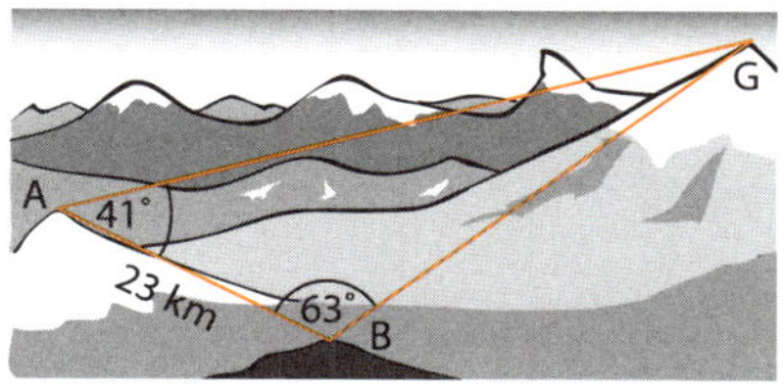

Plan
1. Berechne den fehlenden Winkel bei G (Winkelsummensatz).
2. Stelle Gleichungen mithilfe des Sinussatzes auf.
3. Löse die Gleichungen nach der Unbekannten auf.

3 In der nebenstehenden Zeichnung ist $\overline{AB} = 3\,\text{cm}$, $\alpha = 60°$ und $\beta = 40°$. Berechne die Länge der Strecke x.

a) Bestimme zunächst die fehlenden Winkel. [T1]

b) Bestimme die Länge der Strecke x. [T2]

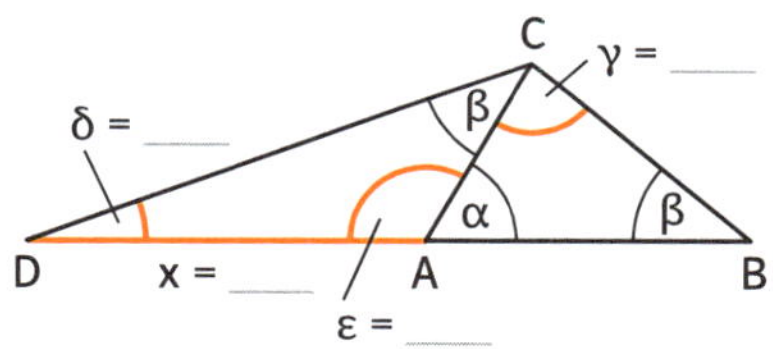

4 Von einem Weg mit den Punkten A, B und C werden die Winkel $\alpha = 68°$, $\beta = 81°$ und $\gamma = 22°$ gemessen. Wie groß ist der Abstand von P nach Q, wenn $\overline{AB} = 78\,\text{m}$ und $\overline{BC} = 56\,\text{m}$ sind?

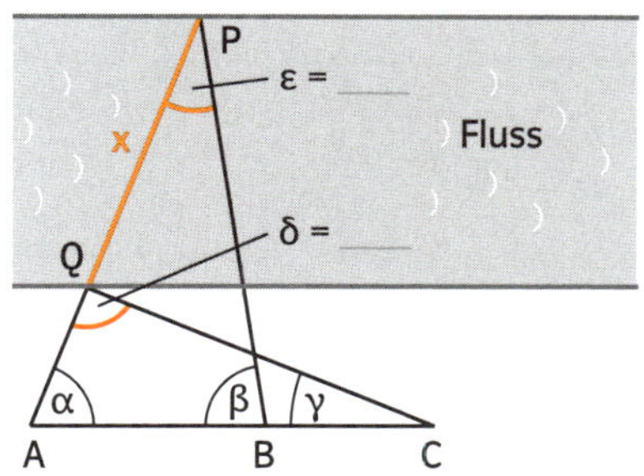

a) Bringe die Schritte in eine richtige Reihenfolge.

| Berechne $\overline{AQ}$ mit Sinussatz.
| Berechne $\overline{AP}$ mit Sinussatz.
| Berechne $\overline{AP} - \overline{AQ}$.
| Berechne $\overline{AC}$.
| Berechne Winkel bei Q und P.

b) Berechne x mithilfe von Teilaufgabe a).

[T2] 1. Beginne mit $\overline{AC}$, verwende Sinussatz. 2. Bestimme x mit $\overline{AC}$ und Sinussatz.

[T1] Beginne mit γ, dann ε, zuletzt δ.

1 Berechne die fehlenden Seitenlängen und Winkelgrößen des Dreiecks.

a) [T1]

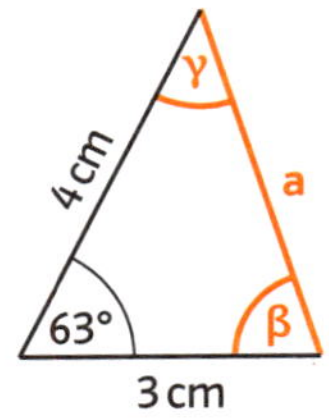

b) [T2]

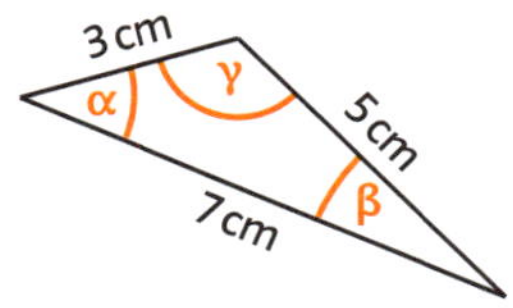

2 Bestimme zunächst die Winkel α, β und γ. Berechne dann die Seiten des symmetrischen Trapezes.

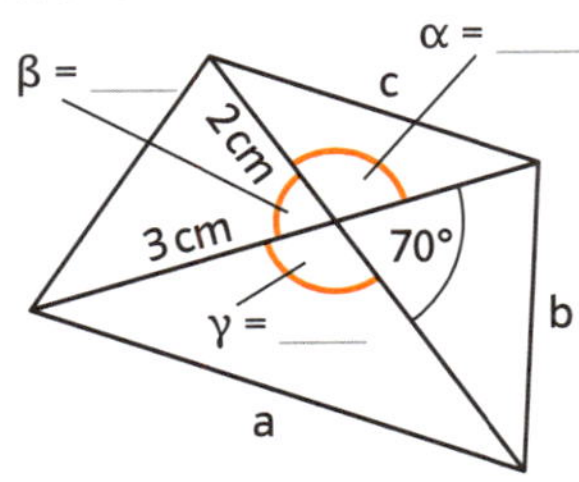

3 a) Bringe zur Berechnung der fehlenden Seitenlängen und Winkelgrößen im Viereck ABCD die Rechenschritte in eine sinnvolle Reihenfolge.

- Berechne α_1 und γ mit dem Sinus- oder Kosinussatz.
- Berechne a mit dem Kosinussatz.
- Berechne e mit dem Kosinussatz.
- Berechne α_2 und β mit dem Sinus- oder Kosinussatz.

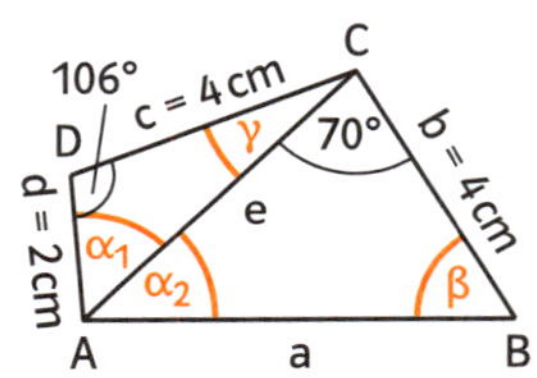

b) Berechne nun die fehlenden Seitenlängen und Winkelgrößen mithilfe von Teilaufgabe a).

4 Bei einem Kranausleger bildet die Strebe S_1 mit dem Boden einen Winkel von $\alpha = 30°$. Die Verankerungspunkte A und B haben einen Abstand von 13 m.

Wie lang ist Strebe S_2, wenn Strebe S_1 58 m lang ist? ______ m.

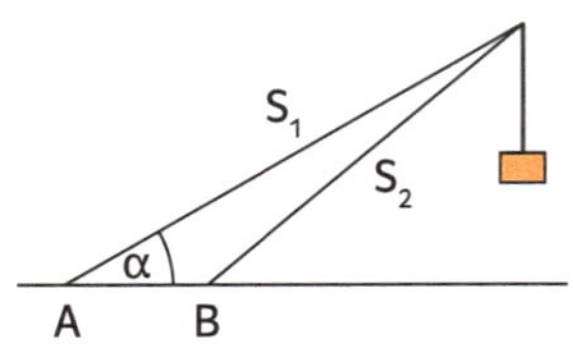

[T1] Kosinussatz: $a^2 = b^2 + c^2 - 2bc \cdot \cos(\alpha)$.

[T2] Löse den Kosinussatz nach z. B. cos(α) auf und bestimme dann α.

1 a) Ergänze jeweils eine Version des Sinus- und des Kosinussatzes für das Dreieck ABC.

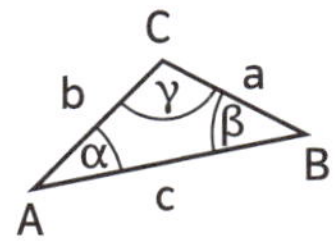

Sinussatz: $\frac{a}{c}$ = ________ $\frac{\sin(\beta)}{\sin(\alpha)}$ = ________ $\frac{c}{\sin(\gamma)}$ = ________

Kosinussatz: $a^2 = b^2 + c^2 -$ ________ ; $b^2 =$ ________ $- 2ac \cdot \cos(\beta)$;

____ $= a^2 + b^2 - 2$ ______ $\cos(\gamma)$

b) Ordne jeder Planfigur unter (1) einen Kongruenzsatz und unter (2) einen der beiden Sätze zu, mit denen man zunächst fehlende Seiten und Winkel des Dreiecks geschickt berechnet.

A  (1) ________ (2) ________

B 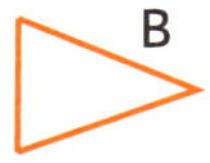 (1) ________ (2) ________

C 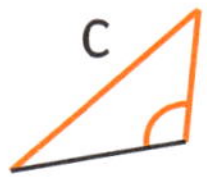 (1) ________ (2) ________

D  (1) ________ (2) ________

SSS | Ssw | WSW | SWS | Kosinussatz | Sinussatz

2 Bei einer Geländevermessung können die Strecken a, b und c nicht direkt gemessen werden. In D und dem Hilfspunkt B werden daher die angegebenen Winkel sowie von D aus die angegebenen Seiten gemessen.

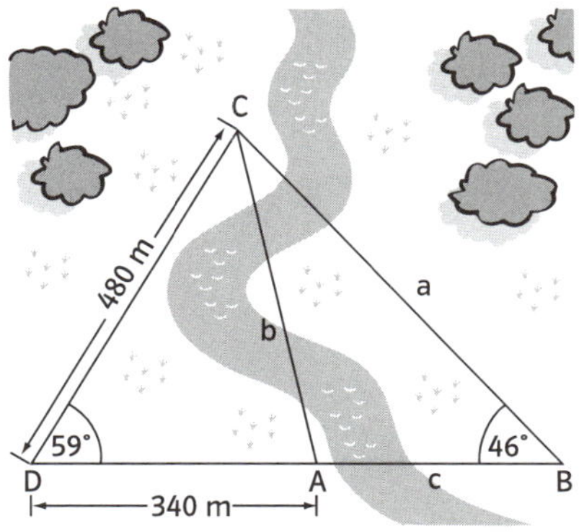

a) Bringe folgende Rechenschritte zur Berechnung der Seiten a, b und c in eine sinnvolle Reihenfolge.

☐ Bestimme die Innenwinkel des Dreiecks DAC mit z. B. dem Sinus- und dem Winkelsummensatz.

☐ Berechne a und c z. B. mit dem Sinussatz.

☐ Berechne b mit dem Kosinussatz.

☐ Bestimme die Innenwinkel des Dreiecks ABC.

b) Berechne die Strecken a ≈ ________ m, b ≈ ________ m und c ≈ ________ m.

3 Von einem Punkt A aus sieht man die Oberkante eines Hochhauses unter einem Winkel $\alpha = 38°$ und von einem Punkt B aus unter dem Winkel $\beta = 47°$. Beide Punkte sind 19 m voneinander entfernt.

Berechne die Höhe des Hochhauses: ________ m. [T1–T3]

[T1] Bezeichne die Innenwinkel des Dreiecks ABH und bestimme ihren Wert.

[T2] Berechne $\overline{BH}$ mithilfe des Sinussatzes.

[T3] $\sin(\beta) = \ldots$ Löse nach der Höhe h auf.

1 a) Fülle die Tabelle aus.

Gradmaß α	0°			60°	90°		135°		270°	
Bogenmaß x		$\frac{\pi}{6}$	$\frac{\pi}{4}$			$\frac{2\pi}{3}$		π		2π

b) Einen Winkel kann man im Gradmaß α oder im Bogenmaß x angeben. Dabei gilt:

$x = \alpha$ ______________ bzw. $\alpha = x$ ______________ .

c) Fülle die Tabelle aus. Runde auf zwei Dezimale.

Gradmaß α			−12°	1°			46°		191°	
Bogenmaß x	−4,2	$-\frac{\pi}{3}$			$\frac{\pi}{10}$	$\frac{\pi}{5}$		1,7		$\frac{31\pi}{18}$

2 Bestimme die Funktionswerte ohne Taschenrechner.

a) $\sin\left(\frac{\pi}{2}\right) =$ ______ b) $\cos\left(\frac{2\pi}{3}\right) =$ ______ c) $\cos\left(-\frac{\pi}{4}\right) =$ ______ d) $\sin\left(-\frac{\pi}{6}\right) =$ ______

3 Bestimme alle reellen Zahlen x mit $0 \leqq x \leqq 2\pi$, für die das Folgende gilt.

a) $\sin(x) = -\frac{1}{2}\sqrt{2}$ $x_1 =$ ______ ; $x_2 =$ ______ b) $\cos(x) = -1$ ______

4

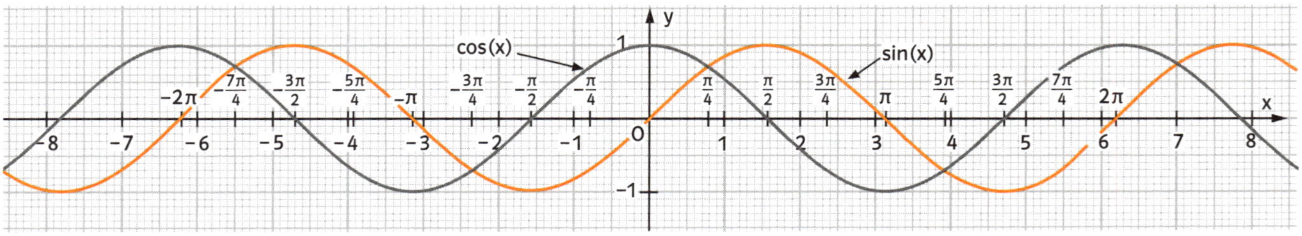

a) Fülle die Lücken aus.

Die trigonometrischen Funktionen sin und cos sind periodisch mit der Periodenlänge ______ ; d.h. für jede beliebige ganze Zahl $k \in$ ☐ gilt $\sin(x +$ ______ $) = \sin(x)$ bzw. $\cos(x +$ ______ $) = \cos(x)$.

b) Gib die folgenden Funktionswerte ohne Hilfe des Taschenrechners an.

$\sin(5\pi) =$ ______ $\cos\left(-\frac{11}{2}\pi\right) =$ ______ $\sin\left(\frac{11}{4}\pi\right) =$ ______ $\cos\left(\frac{31}{6}\pi\right) =$ ______

c) Bestimme mithilfe der Abbildung alle reellen Zahlen x, für die Folgendes gilt. Runde auf eine Dezimale.

$\sin(x) = 0{,}6$ $x \approx$ ______ $\cos(x) = -0{,}3$ $x \approx$ ______

d) Bestimme mithilfe der Abbildung alle x mit $-2\pi \leqq x \leqq 2\pi$, für die gilt:

$\cos(x) = \sin(x)$; ______ $\cos(x) = -\sin(x)$; ______

5 Bestimme mit dem Taschenrechner auf zwei Dezimale alle reellen Zahlen x, für die Folgendes gilt. Begründe gegebenenfalls, warum es keine Lösung gibt.

a) $\sin(x) = 0{,}8537$; ______ b) $\cos(x) = -0{,}3912$; ______

c) $\sin(x) = -1{,}5781$; ______ d) $\cos(x) = 2{,}0015$; ______

6 Ordne die Kärtchen den Lücken zu, ohne zu rechnen.

9 | −6,3 | −0,02 | −0,91

a) $\cos($ ______ $) \approx$ ______ b) $\sin($ ______ $) \approx$ ______

Fülle die Lücken. Für jeden Buchstaben findest du einen Strich. Löse dann die Beispielaufgaben.

Sinussatz

In einem Dreieck ABC verhalten sich die Längen zweier Seiten zueinander wie die ___________ ihrer Gegenwinkel.

$\frac{a}{\square} = \frac{\square}{\sin(\beta)}$, $\frac{\square}{c} = \frac{\sin(\beta)}{\square}$, $\frac{a}{c} =$ ______

■ $a = 7\,\text{cm}$, $b = 9\,\text{cm}$, $\beta = 89°$
$\alpha = ?$

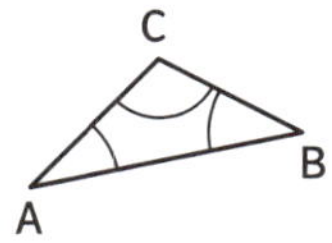

______

______

______

Kosinussatz

In jedem Dreieck ABC gilt:

$a^2 = b^2 + c^2 - 2bc \cdot$ ______; $b^2 = a^2 +$ ____ $- 2$ ____ $\cos(\beta)$;

$c^2 =$ ______________ .

■ $a = 4\,\text{cm}$, $b = 3\,\text{cm}$,
$\gamma = 73°$, $c = ?$

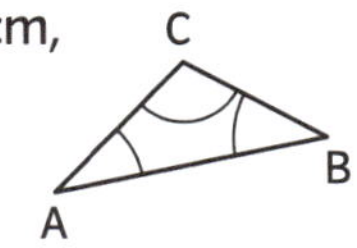

______

______

______

Dreiecksberechnungen

Fehlende Seitenlängen und Winkelgrößen von Dreiecken können mit dem Sinus- und Kosinussatz eindeutig berechnet werden, wenn die Dreiecke eindeutig konstruierbar sind, d.h. falls die Kongruenzsätze

______ , ______ , ______ oder ______ gelten.

■ Konstruiere das Dreieck ABC mit $a = 2{,}5\,\text{cm}$, $b = 3{,}1\,\text{cm}$ und $\gamma = 55°$. Kontrolliere deine Skizze durch Rechnung.

______

______

______

______

______

Die wichtigsten periodischen Funktionen/ Trigonometrische Funktionen

Eine Funktion heißt periodisch, wenn es eine Zahl p gibt, so dass für alle reellen Zahlen x gilt: $f(x$ ____ $) = f(x)$. Bei den trigonometrischen Funktionen $f: x \mapsto \sin(x)$ und $g: x \mapsto \cos(x)$ beträgt diese Periode

$p =$ ______ . Dabei fasst man die reelle Zahl x als ________ eines Winkels α auf, wobei der Zusammenhang gilt:

$\frac{x}{\square} = \frac{\alpha}{\square}$.

So ist z.B. $\sin(x) = \sin($ ____ $- x)$ und $\cos(x) = \cos($ ____ $- x)$

Beachte:
Wird im Bogenmaß gerechnet, muss der Taschenrechner auf RAD umgestellt werden.

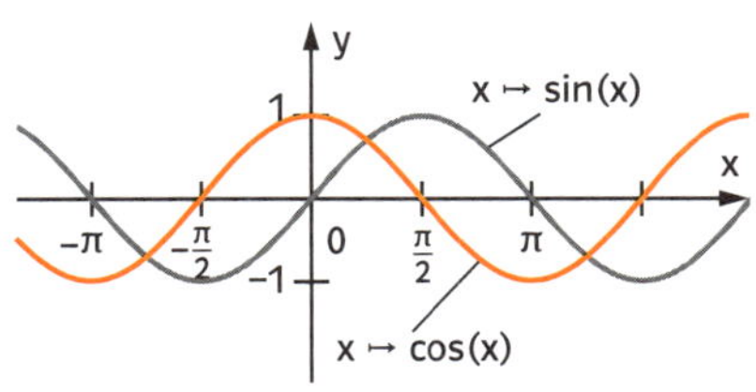

■ Bestimme alle $0 \leqq x \leqq 2\pi$ mit
$\cos(x) = -0{,}5$

______

$\sin(x) = \frac{1}{2}\sqrt{3}$

______

1 Trage die fehlende quadratische Ergänzung ein und bringe die Funktionsgleichung in Scheitelform.

a) $y = x^2 - 16x + 44$

$y = x^2 - 16x + 8^2 - 8^2 + 44$

$y = (x - 8)^2 - 20$

b) $y = x^2 + 14x$

$y =$ ______

$y =$ ______

c) $y = 2x^2 - 4x + 22$

$y = 2(x^2 - 2x$ ______ $) + 22$

$y = 2((x$ ______ $)^2$ ______ $)$ ______

$y =$ ______

d) $y = -\frac{1}{2}x^2 - \frac{1}{4}x$

$y = -\frac{1}{2}\left(x^2 + \frac{1}{2}x\right.$ ______ $\left.\right)$

$y = -\frac{1}{2}((x$ ______ $)^2$ ______ $)$

$y =$ ______

2 Löse die Gleichung rechnerisch. Wandle gegebenenfalls erst in die Normalform um.

a) $x^2 - 2x + 1 = 0$

______

p = ______, q = ______

$x_{1,2} =$ ______

______

$x_1 =$ ______ und $x_2 =$ ______

b) $0{,}5z^2 + 4z + 7{,}5 = 0$

______

p = ______, q = ______

$z_{1,2} =$ ______

______

$z_1 =$ ______ und $z_2 =$ ______

c) $-x^2 - 7x + 4 = x^2$

______

______

p = ______, q = ______

$x_{1,2} =$ ______

______

$x_1 =$ ______ und $x_2 =$ ______

3 Um einen Fluss zu überqueren, möchten Toni und Luca die Breite des Flusses berechnen. Sie messen dabei den Winkel α zwischen dem Flussufer und dem angepeilten Baum auf der anderen Seite des Flusses. Dann messen sie die Strecke entlang ihrer Uferseite, bis sie dem Baum direkt gegenüberstehen. Die Länge dieser Strecke beträgt 8 m, für den Winkel α messen sie 43°.
Wie breit ist der Fluss? Ergänze zunächst die Skizze.

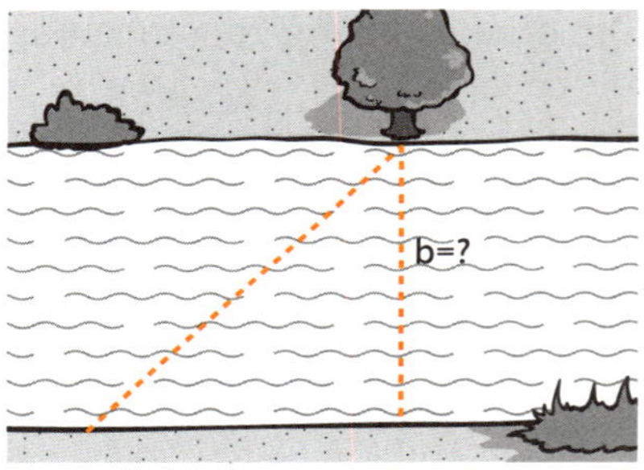

Es ist $\frac{b}{8} =$ ______ = ______, also b = ______.

4 Fülle die Lücken mit den Angaben auf den Kärtchen.

a) cos (45°) = sin (______)

b) sin (10°) = cos (______)

c) cos (30°) ______ sin (60°)

d) sin (30°) ______ sin (60°)

e) $\tan(21°) = \frac{\sin(21°)}{\square(21°)}$

f) sin (15°) − cos (75°) = ______

g) $\sin^2(9°) +$ ______ $(9°) = 1$

h) tan (45°) = cos (______)

| > | < | 45° | 0 | 0° | = | $\cos^2$ | 80° | cos | $\sin^2$ | 10° |

5 Wo findet man die folgenden Werte im nebenstehenden Einheitskreis? Löse zeichnerisch.

a) sin (80°) ≈ ______

b) cos (50°) ≈ ______

c) tan (30°) ≈ ______

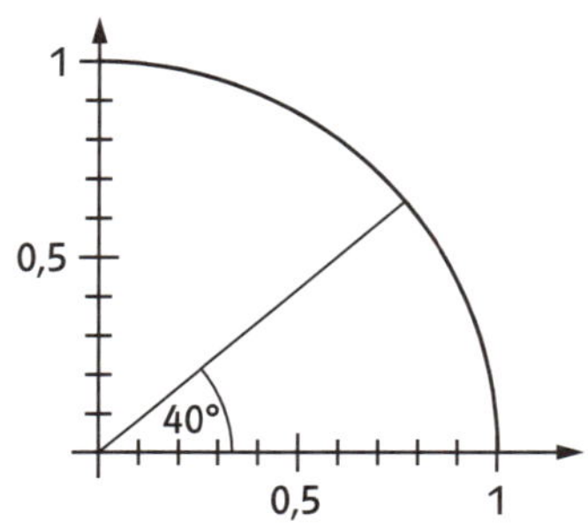

6 Ergänze.

a) $a^2 \cdot a^{-3} = a^{\square}$

b) $(b^5)^{\square} = b^{10}$

c) $\frac{c^4}{c^{\square}} = c^6$

d) $\left(d^{\square}\right)^3 = d^{-6}$

e) $r^8 \cdot r^{\square} = r^5$

f) $s^{\square} : s^5 = s^{-7}$

7 Markiere Kärtchen mit gleichem Wert in derselben Farbe.

$\sqrt[5]{7^4}$ $\sqrt[4]{7^{-5}}$ $\left(\sqrt[4]{\frac{1}{7^5}}\right)$ $-7^{\frac{4}{5}}$ $7^{-\frac{5}{4}}$ $\sqrt[5]{7^{-4}}$

$\sqrt[5]{\left(\frac{1}{7^4}\right)}$ $\left(\sqrt[5]{7}\right)^4$ $7^{\frac{4}{5}}$ $-\sqrt[5]{7^4}$ $7^{0,8}$ $7^{-\frac{4}{5}}$

8 Finde den Fehler und berichtige ihn.

a) $14a^2 : 7c^2 = 2$

b) $\frac{u^2 \cdot 8v^5}{4u \cdot v^6} = \frac{8}{4} \cdot \frac{u^2 \cdot v^5}{u \cdot v^6} = 2uv$

c) $\frac{12xy^6}{4x^5y^3} = \frac{12}{4} \cdot \frac{x}{x^5} \cdot \frac{y^6}{y^3} = 4x^4y^3$

9 Aus der Urne unten werden zwei Kugeln ohne Zurücklegen gezogen. Philipp hat ein Baumdiagramm dazu gezeichnet. Finde seine Fehler und verbessere sie. Berechne die Wahrscheinlichkeiten.

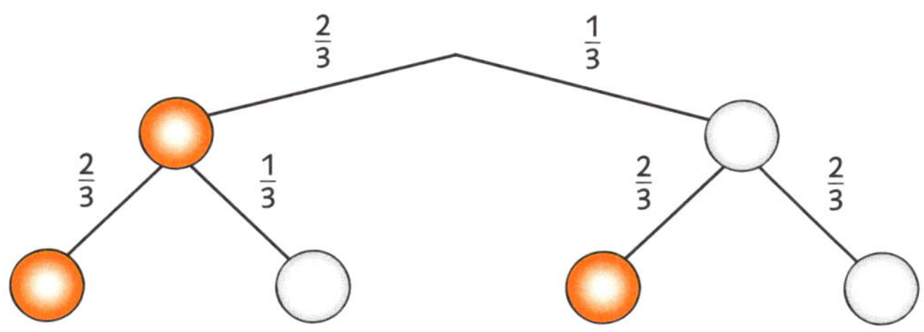

10 Beim Skatspiel bekommt jeder der drei Spieler zehn Karten, die zwei übrigen bilden den sogenannten Skat. Bestimme die folgenden Wahrscheinlichkeiten.

a) P(Amon bekommt genau zwei Buben) = $\frac{\binom{4}{2} \cdot \binom{28}{8}}{\binom{32}{10}} \approx$ ____

b) P(Bernd erhält keinen Buben) = $\frac{\square}{\square} \approx$ ____

c) P(Cem hat nur rote Karten auf der Hand) = $\frac{\square}{\square} \approx$ ____

11 Mit dem zwölfseitigen Würfel wird zehnmal gewürfelt. Gib die Wahrscheinlichkeit an,

a) genau fünfmal eine gerade Zahl zu würfeln.
$B_{10;\_}$ (______) ≈ ____

b) genau dreimal die Drei zu würfeln.
$B_{10;\_}$ (______) ≈ ____

c) keinmal eine Primzahl zu würfeln.
$B_{10;\_}$ (______) ≈ ____

12 Ein Hellseher soll sagen, in welcher Reihenfolge fünf verschiedenfarbige Tücher angeordnet sind.

Für diese Anordnung gibt es ____! = ____ Möglichkeiten. Die Wahrscheinlichkeit, eine bestimmte Anordnung zu raten (ohne hellseherische Fähigkeiten), beträgt $\frac{\square}{\square} \approx$ ____ %.

13 Welche der folgenden Zuordnungsvorschriften stellen Potenzfunktionen dar? Unterstreiche sie.

a: $x \to 5x^4$ b: $x \to x^x$
c: $x \to 1^{\sqrt{x}}$ d: $x \to x^3 \cdot \sqrt{x}$

14 Ergänze die folgenden Punkte so, dass sie auf dem Graphen der Funktion $c: x \to 0{,}25 \cdot x^{-4}$ liegen.

$P(0{,}5 \mid \_\_\_\_)$ $Q\left(\_\_\_\_ \mid \frac{1}{1024}\right)$

15 Erstelle eine Wertetabelle für $f(x) = \sqrt{x-2}$. Zeichne den Graphen in das Koordinatensystem. Gib auch den Definitionsbereich an.

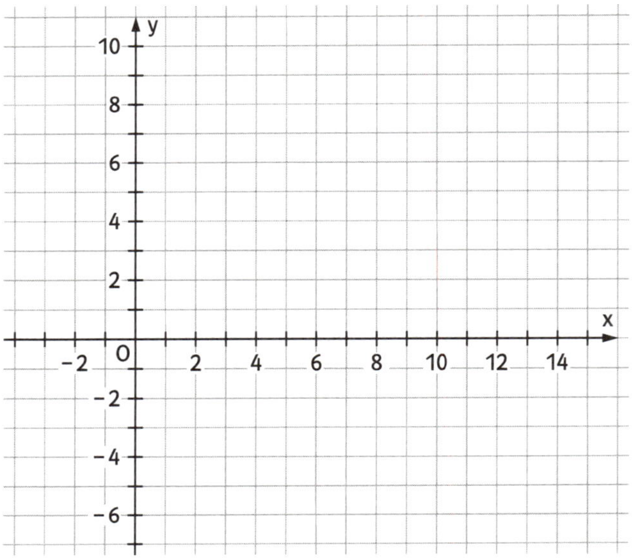

Definitionsbereich: ________

16 Bestimme die Lösungsmengen der Potenzgleichungen.

a) $(x+3)^3 = 27$ L = { ____ }

b) $(3x-1)^4 = 81$ L = { ____ }

c) $(3-2a)^5 = 32$ L = { ____ }

d) $\sqrt[3]{x^4} = 5$ L = { ____ }

17 Ein Modell-Heißluftballon hat annähernd die Form einer Kugel. Die Oberfläche beträgt $100\,m^2$.

a) Berechne seinen Radius. $r \approx$ ________ m

b) Berechne sein Volumen. $V \approx$ ________ m^3

18 Ordne den Schrägbildern die zugehörigen Ansichten zu.

Körper

1 2 3 4

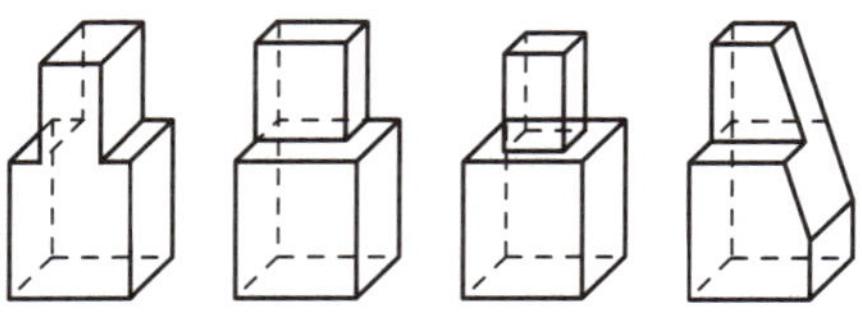

1: ____
2: ____
3: ____
4: ____

Seitenriss

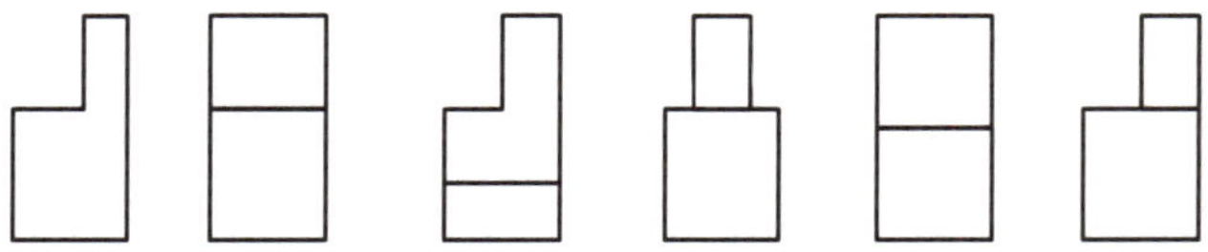

a b c d e f

Aufriss

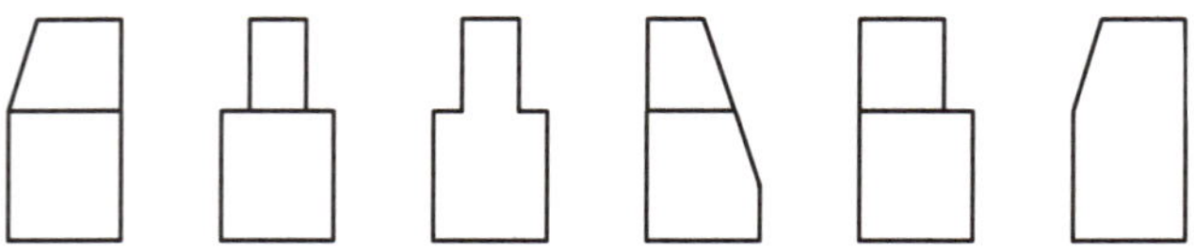

A B C D E F

Grundriss

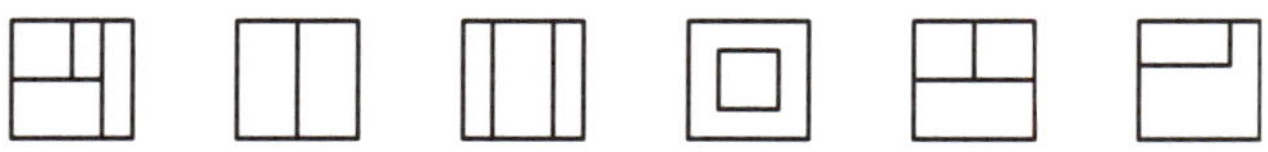

I II III IV V VI

19 Ein rechtwinkliges Trapez wird um eine Achse gedreht.

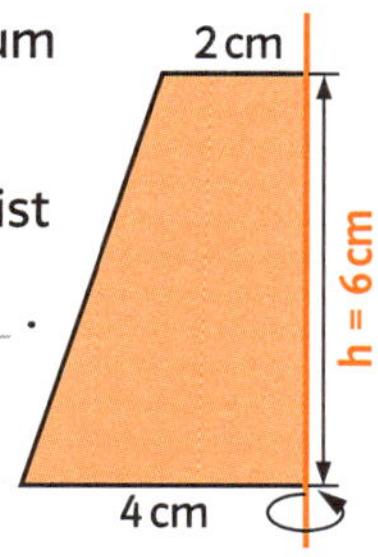

a) Der entstehende Rotationskörper ist

______________________________ .

b) Berechne das Volumen des Körpers.

V = ____________________

20 Paula besitzt eine halbkugelförmige Schale. Der Innendurchmesser der Schale beträgt 32 cm. Sie gießt den Inhalt der randvoll mit Wasser gefüllten Schale in ein zylinderförmiges Gefäß mit einem Innendurchmesser von 32 cm. Wie hoch steht die Flüssigkeit in dem Gefäß?

V_{Schale} = ______________________________ $h_{Flüssigkeit}$ = ______________________________

Die Flüssigkeit steht im Zylinder ____________ hoch.

21 Berechne die fehlenden Seiten und Winkel.

a)

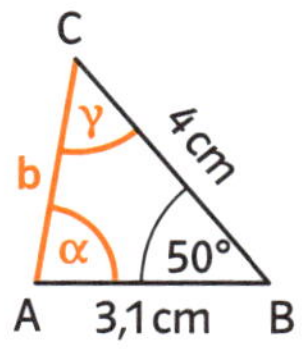

b)

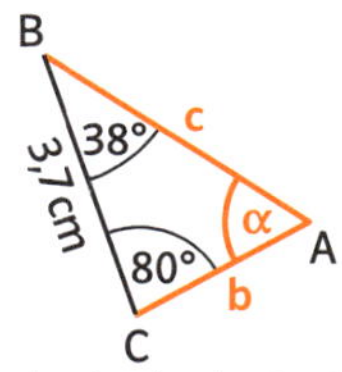

22 Berechne x.

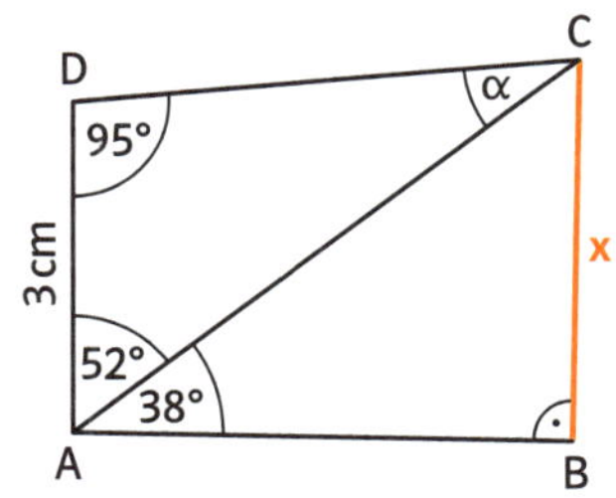

23 Bestimme mithilfe des Taschenrechners eine Lösung der Gleichung. Bestimme anschließend die anderen Lösungen mit $-360° \leq \alpha \leq 360°$ auf 1 Dezimale genau.

a) $\sin(\alpha) = -0{,}3682$

α_1 = ________ , α_2 = ________ , α_3 = ________ , α_4 = ________

b) $\cos(\alpha) = 0{,}4829$

α_1 = ________ , α_2 = ________ , α_3 = ________ , α_4 = ________

24 Bestimme die Funktionswerte ohne Taschenrechner.

a) $\cos(-\pi)$ = ________ b) $\sin\left(-\frac{\pi}{3}\right)$ = ________ c) $\cos\left(\frac{\pi}{3}\right)$ = ________ d) $\sin\left(\frac{15}{4}\pi\right)$ = ________

25 Bestimme mit dem Taschenrechner auf drei Dezimale alle reellen Zahlen x, für die das Folgende gilt.

a) $\sin(x) = -0{,}3791$

____

b) $\cos(x) = 0{,}1926$

____

Register

Die Seitenangaben in Schwarz verweisen auf die Lerneinheit, die in Orange auf den Merkzettel.